DER ZEIT IHRE KVNST
DER KVNST IHRE FREIHEIT

为时代的艺术
为艺术的自由

艺术与自由的时代

维也纳分离派与中欧现代主义建筑思潮

THE AGE FOR ART AND FREEDOM—
MODERNIST ARCHITECTURE IN SINO-EUROPE DURING
THE TIME OF VIENNA SECESSION

陈 翚 等著

中国建筑工业出版社

·序·

PREFACE

建筑从古典迈向现代的道路绝不是一蹴而就的，众多建筑师历经几个世纪的曲折探索，建筑思潮也随着时代汹涌更迭。分离派运动是19、20世纪交替时欧洲产生并发展的新艺术运动的高潮之一,一种以长而有致的几何构图、简明装饰为特色的艺术风格在欧洲盛行，体现在建筑、绘画、工艺设计、招贴画、插图艺术等艺术领域。维也纳分离派成立于1897年，这个以奥托·瓦格纳为代表的学术团体的全盛时期仅十几年光阴，然而其于混沌中昙花一现的绚烂仍旧成为引领设计迈向现代的光辉，奏响了短暂却恢宏的时代交响曲。

本书着眼于20世纪初分离派运动影响下中欧地域主义建筑的现代化探索，纵观18世纪至20世纪的思潮运动与文化变革，比较同时期其他先锋艺术流派，又延伸至维也纳分离派于后世的传播演变及深远影响，为我们勾勒了现代建筑发展进程中不容小觑的一章。作者对在建筑转向现代化进程中产生过重大影响的维也纳分离派建筑及艺术作品、建筑师与思想家进行了详细介绍和深入考察，对其后续思想变革和建筑实践进行了细致研究，以开阔的视野和清晰的思路讲述历史，于追本溯源中找寻当代建筑的新方向。

从吹响分离派先锋号角的“分离派运动之父”奥托·瓦格纳，到包括才华横溢的约瑟夫·奥布里希和现代建筑先驱约瑟夫·霍夫曼在内的瓦格纳的一众得意门生，本书把他们的研究纵向展开，一幅生动细腻的分离派艺术盛景画卷徐徐呈现。作者对分离派风格的理解不止于外观与装饰，而是真正置身于时代背景之下，对分离派的建筑、家具、工艺品进行了客观而细致的解读。同时，作者并未就此止步，而是进一步拓宽视野至其他中欧国家：斯洛文尼亚卢布尔雅那地区的现代主义建筑萌芽围绕瓦格纳弟子普雷其尼克的作品展开，书中介绍了分离派建筑师的现代启蒙之路，通过大卢布尔雅那计划对经典地域主义的现代诠释，以及随后兴起的现代主义浪潮对其思想的冲击，来叙述斯洛文尼亚地区现代之路的开端。捷克布拉格地区的现代建筑萌芽则从瓦格纳另一弟子扬·科特拉的现代化建筑实践及建筑教育出发，由分离派建筑演变而生的捷克立体主义建筑发展脉络清晰可见。最后，又从历史视角纵观分离派后继的现代建筑发展以及现代主义建筑的崛起，在20世纪的历史动荡中探讨现代地域性运动与作品的现代性。本书将读者拉回到19、20世纪交替之时，感受时代背景下的学术动荡，以及先驱们的迷惘与坚持。

本书并不是单纯的作品罗列，而是通过紧密组织建筑师与作品的横向比较与纵向梳理，真实地还原对中欧地域主义建筑现代化道路影响深远的维也纳分离派建筑的发展与演变。

陈翚教授作为一名优秀的建筑学者，早年曾于捷克留学并获得了哲学博士学位，对维也纳分离派运动以及中欧地域主义建筑的发展有着独到而深刻的学术见解。作为陈翚教授本科同学兼好友，我对他和这些获得"杰华烽雨"学术旅行奖学金赴中欧地区考察的同学们认真的治学精神感到由衷的钦佩，同时也为他们取得的丰硕研究成果感到由衷的喜悦。"杰华烽雨"学术旅行奖学金由湖南大学建筑学院89级姚勇杰校友倡议，联合同班好友康华、袁笑雨、陈翚和我五人于2013年10月共同设立，希望能奖励并资助母校热爱建筑的年轻一代建院学子赴境外游学，实地考察优秀建筑，亲身体验前辈建筑师的杰作。此次"20世纪初分离派运动影响下中欧地域主义建筑的现代化探索"游学活动中，蓝萱、赵亮、张婷、廖若微、林可馨这五位同学的考察成果包括丰富的照片参考和图纸资料，大量的文献阅读以及较为全面的现场调研，他们为研究维也纳分离派建筑风格及其后续发展演变提供了翔实可靠的研究材料，可谓非常细致用心，具有较高的学术价值。可以肯定，这本专著将在梳理中欧地区古典主义到现代主义建筑发展的脉络与渊源方面，为当代建筑师提供方法参考，为帮助他们在混沌与变革中走向创新发挥积极而重要的作用。

现代建筑历经曲折产生、发展、变革与修正，历经战争的重创与重生，已经处于相对成熟的阶段。仅仅是一个世纪的时间，建筑已从混沌曲折中脱胎换骨，逐渐迈向多元共生。随着学界新思想不断产生与碰撞，维也纳分离派建筑思潮似乎早已偃旗息鼓，然而正如其他影响深远的建筑学派一般，其留给后世建筑师的不只是为人称道的历史和可观可考的建筑，更是搭建在中欧土地上由古典迈向现代进程中的重要桥梁，以及其引导的未来发展方向。在第四次工业革命的冲击下，建筑学和建筑业迎来技术变革的同时，也面临着全新的机遇与挑战。年轻一代建筑师们仍在努力找寻建筑迈向未来的方向。在建筑逐渐走向多元化的今天，建筑如何立足于时代、扎根于地域、传承并创造，成为摆在我们每个当代建筑师面前的一个重大议题。正如波兰作家辛波斯卡所言："然而我们看过更快速的起飞：它们迟来的回音，在许多年之后，将我们自睡梦中拧醒。"未来已来，将至已至。立足当下，愿我们都能从前辈的先锋精神和建筑实践中汲取充分的营养，敢为人先，共同开启崭新的建筑篇章。

"为时代的艺术，为艺术的自由"。时至今日，奥地利艺术家振聋发聩的口号及伟大的变革精神仍能激励后继建筑师们不断创新，勇敢迎接新时代的到来。与诸君共勉！

袁烽

· 前言 ·

FOREWORD

每当提到现代建筑的发展，人们就会联想到20世纪勒·柯布西耶和沃尔特·格罗皮乌斯等建筑大师所领导的现代主义建筑运动，建筑设计彻底摆脱传统样式的束缚，设计师们理性而又激进。他们目标明确，以惊人的速度全力推动着建筑设计大踏步前行。理论上来说，现代主义建筑的思潮可以追溯到19世纪[①]。然而，从古典主义到现代主义并非跳跃式地突然转变，在找到明确的道路之前曾有许多混沌而举步维艰的时刻。当时古典复兴盛行，工艺美术运动和新艺术运动徘徊不前，在试图摆脱传统的同时又举着反工业化的旗帜。这不仅体现了设计领域在世纪之交的迷茫，也代表了先锋设计师们对未来的探索。他们的努力对现代建筑的发展并没有产生革命性的意义，但他们所推崇的某些思想在一定程度上影响了现代主义建筑的发展，如主张功能与形式的统一。

相较于西欧如火如荼的新艺术运动，中欧地区（特别是德语区）遵循着一条独立的现代化路线。比较突出的是几乎同时期的德国青年风格派与维也纳分离派，它们的设计手法在某种程度上已经非常接近于现代建筑，为中欧地区现代主义建筑的形式发展指明了方向。

维也纳分离派成立于1897年，这个以奥托·瓦格纳为代表的学术团体大约活跃了十几年，之后颓势渐显。但瓦格纳的追随者们仍继续活跃于两次世界大战期间，这是中欧现代主义建筑思潮的主要成型时期。如果说新艺术运动是西欧从古典迈向现代进程中一次波涛汹涌的浪潮，那么维也纳分离派就是这股浪潮边缘的一朵浪花，远离旋涡中心且稍纵即逝。或许它的成就不具备里程碑式的决定性意义，但如同组成巨山的一颗砾石，我们无法就此忽略它。正是由于众多具有创新精神的团体不断摸索探寻、逐渐积累并发展，才让设计思潮最终迈向巅峰。分离派作为中东欧新艺术运动中更加贴近现代主义的派别，更具独特的魅力与意义，它的发展过程与转变，为我们鲜活展现了混沌年代的先锋们是如何摆脱传统桎梏探寻新出路的。

整个学派活动主要涉及的时期是19世纪末至20世纪中叶（1897—1945年），包含了新建筑探索时期，以及现代主义建筑运动的兴起时期。但正如肯尼斯·弗兰姆普敦在《现代建筑：一部批判的历史》（*Modern Architecture*：*Critical History*）一书中指出的："在试图编写一部现代建筑史时，首先要确定其起始的时间。然而，你越是认真地寻根求源，它却越显得存在于遥远的过去，即使不追溯到文艺复兴时期，也至少要回顾到18世纪中叶。”维也纳分离派的出现是一个建筑发展历史进程中有着长远渊源的非偶然事件；新艺术运动的兴起、维也纳分离派的产生，乃至现代建筑的发展，都不是人们一时兴起或从天而降的产物，不是一朝一夕能成，而是一系列社会变革的结果；经济技术的发展、社会结构的转变、生活方式的变化，都是现代建筑发展的背景与动机。因此，若要探究维也纳分离派的根源，我们至少需要从18世纪中叶开始说起。对于西方世界，那个时期一切都开始朝着新的方向前行着、探寻着，“那时，一种新的历史观使建筑师们怀疑维特鲁威的经典教义，并促使他们记录古代世界的遗物，以便建立起一个更为客观的工作基础。”[②]

本书涉及庞杂的现场调研取材、文献与图片收集整理等工作，在此要特别感谢蓝萱、赵亮、张婷、廖若微、林可馨五位同学亲临现场，为本书提供珍贵的照片和图纸资料，并共同完成了本书的初稿撰写工作。其中，蓝萱负责第一章第二节、第二章第一节；廖若微负责第一章第一节、第二章第二节；林可馨负责第二章第三节、第四章全章；赵亮负责第三章第一节；张婷负责第三章第二节。同时，还要感谢薛艺、马珠婉、彭号森、陈辰思、许泽港、李鹏昊、黄菊芳、杨赛尔、李志豪、覃立伟、蒋雨航等同学们在图片版权确定和文字校对方面对本书做出的贡献。

① 王受之.世界现代建筑史[M].北京：中国建筑工业出版社，1999：30.

② 弗兰姆普敦.现代建筑：一部批判的历史[M].张钦楠，等译.北京：生活·读书·新知三联书店，2004：3.

谨以此书纪念奥托·瓦格纳（1841—1918）逝世100周年。

· 目录 ·

CONTENTS

I

第一部分

批判与继承：从古典主义分离的中欧近代建筑思潮

II

第二部分

“为时代的艺术”：维也纳分离派建筑的现代化探索

III

第三部分

传承与变革：维也纳分离派建筑在中东欧地区的影响

第五章　卢布尔雅那现代主义建筑的萌芽

第六章　布拉格现代主义建筑的萌芽

IV

第四部分

殊途同归：维也纳分离派之后

第七章　古典精神和创新精神的交融：20世纪初的现代性学说

第八章　新需求刺激下的新手段：两次世界大战之间的建筑发展

第九章　重创后的重生：二战后的建筑复兴

第十章　从维也纳分离派到现代主义

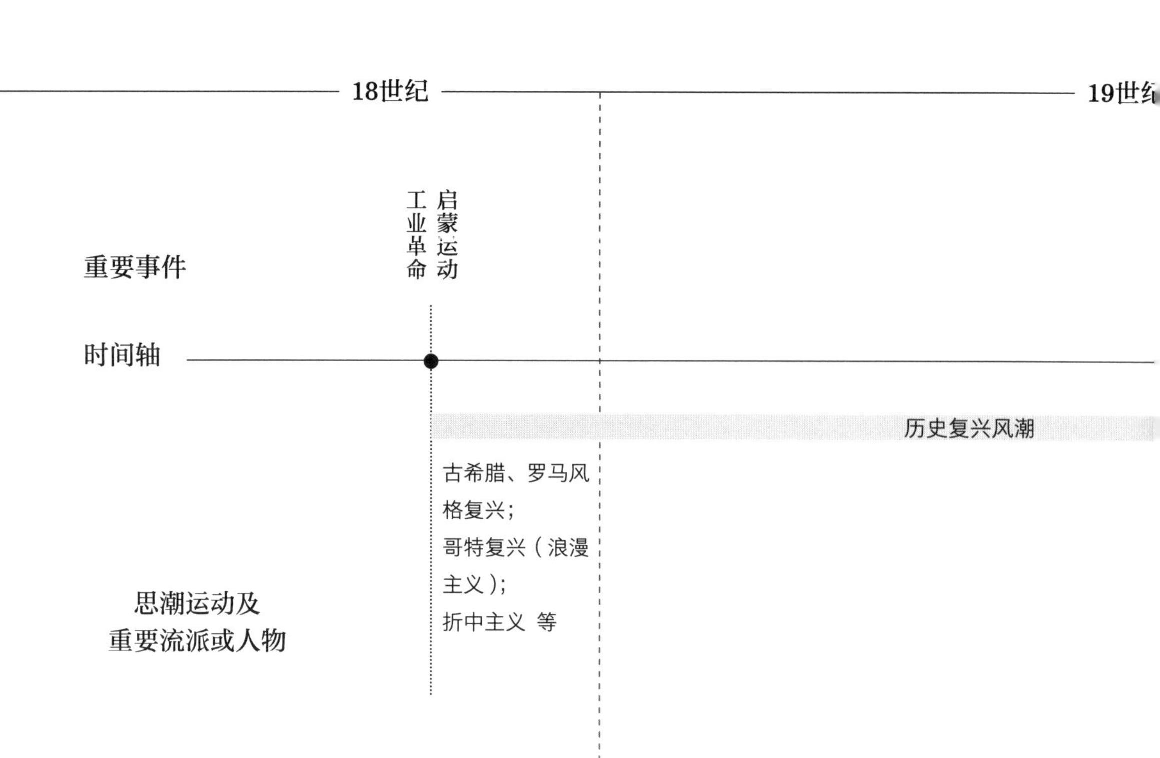

图1

时间脉络梳理表

来源：作者自绘

20世纪

第一次世界大战

第二次世界大战

[工]艺美术运动

[约]翰·拉斯金;

[威]廉·莫里斯等

新艺术运动

法国：萨穆尔·宾、赫克托·吉马德等

比利时：维克多·奥尔塔、亨利·凡德·维尔德等

西班牙：安东尼·高迪

奥地利：奥托·瓦格纳、约瑟夫·霍夫曼等

德国：彼得·贝伦斯等

英国：查尔斯·雷尼·麦金托什等

芝加哥学派

路易斯·沙利文等

其他独立流派

意大利未来主义

荷兰风格派

苏联构成主义

德国表现主义

装饰艺术运动

现代主义建筑

沃尔特·格罗皮乌斯

勒·柯布西耶

密斯·凡·德·罗

弗兰克·劳埃德·赖特

阿尔瓦·阿尔托等

第一部分

批判与继承：从古典主义分离的中欧近代建筑思潮

I CRITICISM AND INHERITANCE:
THE MODERN ARCHITECTURE THOUGHT IN CENTRAL EUROPE SEPARATING FROM CLASSICISM

第一章

潮起潮落：
世纪之交的观念演变

CHAPTER ONE
THE EBB AND FLOW:
THE EVOLUTION OF IDEAS AT THE TURN OF THE CENTURY

1

源起：始于18世纪的社会变革

18世纪前的欧洲正处于封建社会解体和资本主义兴起的阶段，农业经济为主的社会主要分为地主阶级和佃农阶级，这时的社会意识形态仍以古典主义和文艺复兴为文化核心。尽管当时的建筑多以巴洛克或者洛可可风格呈现，但其本质还是以传统知识体系为基础，仅加以装饰发展。18世纪下半叶至19世纪，随着社会生产力的发展，西方世界经历了启蒙运动与工业革命，这两者在思想和物质层面促进了现代建筑的萌芽。启蒙运动是一次全面的思想解放运动，它发生于工业革命之前并与之密切相关[①]，提倡以科学理性为核心的理性主义，奠定了现代建筑思想的基础；工业革命则带来了社会结构的转变、新的矛盾与需求、新材料与新技术，这为后续现代建筑发展提供了环境、动机以及物质基础。这些变革一方面冲击着旧有的思维和知识体系，另一方面对建筑设计提出了新的社会需求。

启蒙运动起源于18世纪的欧洲。最初发生在英国，后传入欧洲各国，旨在启迪蒙昧、普及文化教育，在精神上是延续文艺复兴时期反君主专制和教会蒙昧主义，强调科学方法和还原论[②]，同时对宗教正统观念保持着质疑的态度。启蒙运动在改变人们观念中重要的一点是它强调科学与理性，认为人的理性是衡量一切的标尺。这场运动将社会意识形态从古典理性引向了科学理性，社会的方方面面均受到科学理性主义的影响，就如恩格斯所言："宗教、自然观、社会、国家制度，一切都受到了最无情的批判；一切都必须在理性的法庭面前为自己的存在作辩护或者放弃存在的权利"[③]。正是这种在启蒙运动中孕育的科学理性精神与思想，破坏了君主制和教会的权

① COHEN I B.Scientific revolution and creativity in the enlightenment[J]. Eighteenth-Century life，1982，7 (2)：41-54.

② GAY P. The Enlightenment：an interpretation[M]. WW Norton & Company，1995.

③ 马克思，恩格斯选集：第三卷[M].北京：人民出版社，1966：137-138.

④ 邓庆坦，赵鹏飞，张涛. 图解西方近现代建筑史[M]. 武汉：华中科技大学出版社，2009：4.

威，为18—19世纪的政治革命铺平了道路，也为现代建筑思潮的发展奠定了基础。

在建筑领域，从古希腊起人们便认为美是客观的、先验的、有一定规律的，其本质是纯粹的数和几何关系（图1-1），文艺复兴时期法国更是将这种古典主义美学推向极致。而在启蒙运动之后，许多学者开始质疑古典主义和文艺复兴以来的新古典主义建筑理论体系的合理性与永恒性，质疑这样的建筑是否符合时代的发展，是否体现时代特征，是否满足当下社会需求。如果说古典主义的理性在于明确的、先验的几何学关系，那么启蒙运动的理性则是以功能、结构、材料的合理性与真实性为本质。学者们认为原始建筑仅是一个朴实无华的庇护所，它们的美体现在功能、结构与技术上，而后建筑装饰喧宾夺主，使建筑的合理性偏离了本质，所以现在我们需要从最原始的建筑中寻回合理性。这是一种回归原型的原始主义策略，即上文提到的还原论，这种策略所体现的科学理性精神影响甚广，甚至在后来19世纪的古典复兴和哥特复兴运动中演化出了功能理性主义与结构理性主义思想[4]。

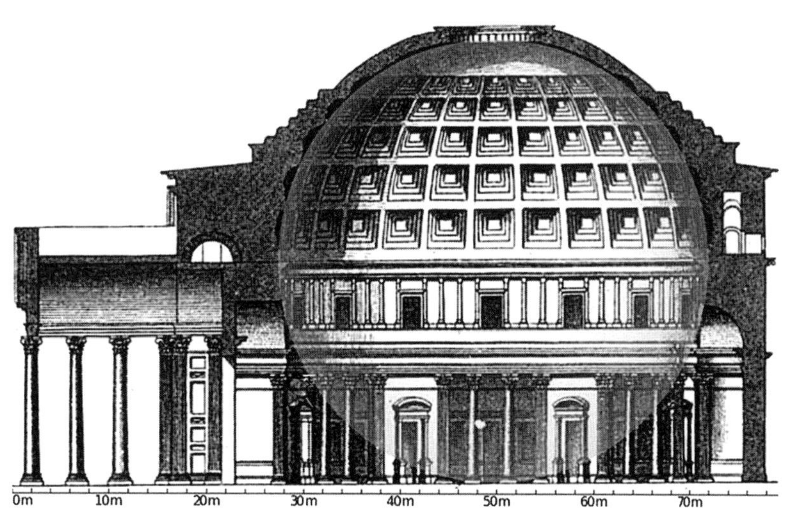

图1-1

古罗马万神庙，建筑中的几何美学

启蒙运动启迪了思想，工业革命则从多个方面促成了现代建筑的出现与发展。始于英国的工业革命给社会带来了巨大变革：机器取代人力，生产方式的转变和生产力飞跃性的发展给欧洲社会带来了新的矛盾、需求和技术条件支持，这一切是现代建筑发展必不可少的动机和基础。

工业革命中材料技术和工程技术的进步为建筑发展提供了条件，在建筑领域，材料、技术、建筑类型都得到了重大突破。人类历史上的建筑一直是以自然材料为主，如木材、石材，而工业革命让铁登上了建造的舞台。最初，铁在建筑中主要是作为辅助材料，如用于毛石连接件或屋顶构件。进入19世纪后，铸铁梁柱组成的结构框架被工业建筑广泛应用，而铁框架和玻璃两种材料的配合因能满足室内采光需求，逐渐被大量运用于大型温室及公共建筑。

而另一方面，工业革命带来的社会生活变化和科学技术进步又反过来促进了对新建筑类型的需求，并对建筑形式提出了新的要求。成千上万的农民涌入城市，变身工人阶级，旧有的城市硬件设施无法消化人潮，城市中出现大量贫民窟，住房问题迫在眉睫；工业建筑以及火车站、市场等新建筑类型的兴起要求更多样合理的功能规划、更大跨度与高度的建筑结构。如何利用新的技术解决这些矛盾与需求成为先进分子们探索的新方向，这是现代建筑出现与发展的根本原因①。

同时，新的材料以及新的组合方式与形象对传统审美造成了一定的冲击，对新的建筑设计理论和形式构成美学的需求给传统理论美学带来了挑战。在19世纪后半叶，社会需求对建筑提出了新的任务，生产发展与人们生活方式的转变要求建筑既要解决新建筑类型问题，又要解决新技术与旧建筑形式的矛盾问题。建筑师们进行了诸多相关创新尝试，包括对新型功能建筑如交通站的设计与建造，以及对传统功能建筑的新的诠释，如法国建筑师亨利·拉布鲁斯特于19世纪中叶在巴黎建造的法国第一座完整的图书馆建筑——圣吉纳维夫图书馆，这座图书馆综合运用了铁结构、石结构和玻璃材料；当时的市场建筑也发生了巨大变化，与以往封闭排列的铺面不同，

① 王受之. 世界现代建筑史[M]. 北京：中国建筑工业出版社，1999：18.

②③ 邓庆坦，赵鹏飞，张涛. 图解西方近现代建筑史[M]. 武汉：华中科技大学出版社，2009：23.

出现了巨大生铁框架结构的大厅空间。

两座在当时极具代表性的新型建筑值得一提。一座是1851年的伦敦博览会展厅，即后来闻名世界的“水晶宫”(图1-2)，由园艺师约瑟夫·帕克斯顿(Joseph Paxton，1803—1865)设计。它的诞生开辟了现代建筑的新纪元[②]，无论是从空间、材料和技术的角度，还是从预制装配建造以及对传统美学桎梏的突破上来说，它都具有划时代的意义。另一座是1889年巴黎的埃菲尔铁塔，它在修建期间因其前卫性饱受文化保守主义者的非议，而其落成后所体现出的巨大魅力让先前对其持批评态度的公众们也不得不感叹赞佩。这两次前所未有的世博会被载入史册，而以这两座建筑为代表的新型结构建筑“开启了现代技术美学的先声”[③]。

图1-2
水晶宫

2

徘徊往复：历史复兴浪潮

近现代建筑史常常是多流派、多思潮交错平行的，而非单一的线性发展过程。18世纪中叶后，建筑创作就呈现出了两种不同的倾向：创新与复古。受到启蒙运动和工业革命的影响，一部分人推陈出新，在建筑领域积极探索着；与此同时，另一部分人深受历史经典风格和传统建筑美学的影响，仍沉心于传统建筑美学。由于当时政治因素的影响以及考古学上的重大发现，18世纪中叶欧美地区开始兴起历史风格复兴的风潮，19世纪中叶发展为对所有历史风格的复兴和折中主义。即便工业革命实现了技术与材料的飞跃发展，新型结构技术也逐渐运用到建筑领域，各色历史风格复兴与折中主义仍长期占据着历史的舞台，尽管20世纪20年代兴起的现代建筑运动使折中主义受到限制，但直至“二战”后复兴风潮才逐渐被新兴的国际式建筑风格所取代。

18世纪后半叶，当时的欧洲盛行着巴洛克和洛可可风格，建筑被大量烦琐贵重的装饰所包裹。这种尽显旧贵族生活之奢靡腐化的装饰风格，为新兴的资产阶级们所不齿，他们急切地想要寻找一种新的、简洁明快的形式来取代陈旧奢靡腐化的风格，并以此作为自己权利与财富的新象征。此时欧洲考古事业空前繁荣，18世纪后半叶至19世纪，大批考古学家先后赶赴罗马、希腊的废墟进行实地考查发掘。这让身处现代的人们得以了解古希腊艺术之优美、感受古罗马艺术之壮丽，加之当时的启蒙运动唤起人们对民主共和政体的无限向往，古希腊与古罗马的艺术风格顺理成章地被用作一种象征性道具来对抗当世的君主专制——新兴资产阶级企图从中找寻到思想上的共鸣并借此自我勉励，这在法国大革命期间雅克·路易·大卫（图1-3）所创作的一系列古典主义油画作品中可见一斑。

这股热潮席卷欧美建筑文化领域，形成了古典复兴运动，古希腊、罗马的建筑遗产成为当时建筑创作的源泉，这种思潮主要体现在一些为资产阶级政权和社会生活服务的公共建筑及纪念性建筑上：追求古典风格和简洁典雅的品质，形式符合结构逻辑，建筑物单纯独立，去除烦琐的纯装饰性构件，反映出人们对于理性的向往（图1-4）。此外，复兴运动在艺术界的多个领域也产生广泛影响，如绘画、雕塑，对这两者的考古式模仿成为当时文化艺术界的一种风潮（图1-5）。

图1-3
《处决自己儿子的布鲁特斯》，雅克·路易·大卫

图1-4
法国骑兵凯旋门

图1-5
美国林肯纪念堂

与此同时，欧洲艺术领域活跃着另一种思潮，称为浪漫主义。浪漫主义倡导自然天性与艺术个性，回避现实，向往中世纪传统文艺，带有反抗资本主义与大工业生产的色彩。浪漫主义用中世纪的艺术形式反抗工业机器产品与古典主义学院派建筑风格。浪漫主义最早出现在18世纪下半叶工业革命后的英国，在绘画领域中形成了英国风景画派与法国巴比松画派（图1-6），在建筑领域则出现了自然风景园林和中世纪样式府邸，同时追求异域情调。19世纪30年代至70年代，浪漫主义迎来了它的全盛时期，发展为成熟的哥特复兴[①]。浪漫主义对工业化生产的反对态度及对自然和中世纪艺术风格的推崇，对后来反机械化的英国工艺美术运动产生了深远影响（图：英国议会大厦）。

19世纪下半叶至20世纪初，欧美开始盛行折中主义。所谓折中，即多源选取，建筑师突破固有的建筑风格体系，任意选取风格模仿、拼贴。折中主义的出现是混沌社会背景下的必然产物。在当时复杂多变的社会意识及政治背景下，古典复兴和哥特复兴这两种思潮产生了激烈矛盾，风格之争时有发生，折中是眼下比较便捷可行的方案；地理发现、照相机的发明及建筑历史研究也促进了折中主义的发展，对世界各地历史风格的发现与研究为折中主义提供了大量素材；此外，资本主义经济市场日益繁荣，随着政体的变化，建筑风格变成了一种个人审美喜好与商业噱头，建筑师根据业主与

图1-6

法国巴比松画派

《拾穗者》，米雷勒，巴黎奥塞美术馆，1857年.

图1-7

折中主义建筑

布达佩斯布洛豪卢伊佐广场（Blaha Lujza Square）

市场的喜好进行风格选取与拼贴，商业化多元选取与机会主义的风气也使得折中主义的盛行普及成为必然，反映了新兴资产阶级圈子中一种类似暴发户式的粗糙群体审美心态（图1-7、图1-8）。

这种迎合现实又逃避现实的风格派别，受到了从建筑运动先驱到社会文化团体的广泛抨击。“我们这个世纪没有自己的形式。我们既没有把我们这个时代的印记留在我们的住宅上，也没有留在我们的花园里，……我们拥有除我们自己的世纪以外一切世纪的东西……”法国诗人、剧作家、小说家德·缪赛于1836年如是写道[2]。然而即便工业革命实现了技术与材料的飞跃发展，新型结构技术也逐渐运用到建筑领域，各色历史风格复兴与折中主义仍长期占据着历史的舞台，直至“二战”结束，国际风格盛行之后才逐渐消亡。

图1-8
英国议会大厦（Houses of Parliament）

① 邓庆坦，赵鹏飞，张涛．图解西方近现代建筑史[M]．武汉：华中科技大学出版社，2009：37.

② 陈志华．外国造园艺术[M]．郑州：河南科学技术出版社，2001：278.

3

时代的群像：工艺美术运动与新艺术运动

工艺美术运动是一个起源于英国的国际运动，1880—1920年间在欧洲和北美达到鼎盛，20世纪20年代在日本出现。它常采用中世纪、浪漫或民俗风格的装饰，以简单的形式代表传统手工艺。它主张经济和社会改革，实质上是反工业化的①。它对欧洲的艺术产生了强烈的影响，直到20世纪30年代被现代主义所取代②，它对之后的工艺制作者、设计师和城市规划人员的影响也不断延续③。

这个运动的理论思想在很大程度上源于约翰·拉斯金（图1-9）的社会批评④。1851年伦敦世博会中参展的展品多为机器制造的产品，有各式各样的历史样式，普遍给人一种为装饰而装饰的印象，引起了批评家及其追随者的强烈不满和批评。尽管拉斯金对工业革命带来的成果怀有敬畏之感并承认机器之精妙，但他认为机器在美学中是没有一席之地的。他崇拜中世纪的社会与艺术，厌恶新的材料，反感世博会的过度设计。工业时期的产品由手工制作变为机器制作，实用艺术与纯艺术分裂，出现了粗制滥造的情况，而拉斯金将这一切归罪于机械化批量生产，他认为工业化生产及劳动分工剥夺了人们的创造性，主张回归和发扬中世纪社会手工艺传统。

图1-9
约翰·拉斯金，1819—1900年

在参观完“水晶宫”博览会后的几年，拉斯金通过著书演讲等方式宣传自己的美学思想，并为建筑和产品设计提出了若干准则，这些准则成为后来艺术与工艺美术运动的重要基础理论：师承自然，而非盲目抄袭旧有样式；使用传统材料，反对新型工业材料如钢铁、玻璃等；忠于还原材料真实质感，反对用低廉材料模仿高级材料⑤。

若将拉斯金称作工艺美术运动的理论家，那么他的忠实追随者

① 何人可. 工业设计史[M]. 北京：北京理工大学出版社，1991：60.

② The grove encyclopedia of decorative arts：two-volume set[M].Oxford University Press，2006.

③ MACCARTHY F，MORRIS W. Anarchy & beauty：William Morris and his legacy，1860-1960[M]. Yale University Press，2014.

④ SARSBY J. Alfred Powell：idealism and realism in the Cotswolds[J]. Journal of design history，1997，10(4)：375-397.

⑤ 同①，52页。

⑥ 同①，53页.

图1-10
威廉·莫里斯，1834—1896年

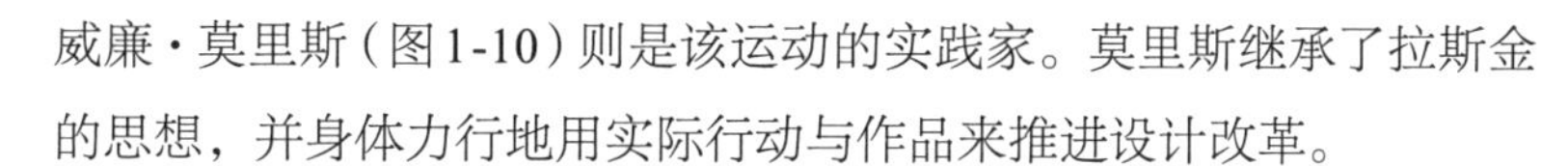

威廉·莫里斯（图1-10）则是该运动的实践家。莫里斯继承了拉斯金的思想，并身体力行地用实际行动与作品来推进设计改革。

莫里斯为自己建造的私宅“红屋”（1859—1860年）（图1-11）是工艺美术运动中最重要的建筑作品之一。红屋由菲利普·韦伯设计，莫里斯也亲自参与创作与制造，与好友一起负责家具和室内装饰设计。“红屋”根据功能自由布局，追求真实的、地域化的材料表达与建造方法，这与当时盲目而虚伪的折中主义形成了鲜明对比。

“红屋”建成后，莫里斯与几位好友以此为契机成立了艺术装饰公司，1862年开始运营，“这是19世纪后半叶出现于英国的众多工艺美术设计行会的发端”[⑥]。同年，公司的作品在国际展览会上展出，莫里斯的设计很快引起了人们的兴趣，并流行开来。

莫里斯的设计多以植物、动物为题材，体现了“师承自然”的主张，材料、结构和功能的真实性成为工艺美术运动的特色，这对后来席卷欧洲的新艺术运动产生了一定的影响（图1-12）。此外，在莫里斯的倡导下工艺美术协会于1888年成立，协会还出版了杂志《作坊》（*The Studio*）来宣传它们的理想。

莫里斯的理论与实践对英国的设计领域带来了重大影响，追随者们纷纷效仿革新，其间还出现了一批设计行会组织，这些设计行会被用来反抗工业化的商业组织，并通过杂志与展览对外传播思想。

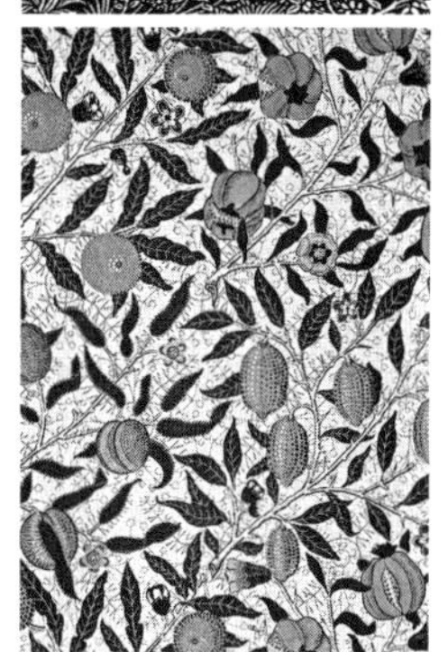

图1-12
莫里斯的平面设计多以植物为题材

图1-11
红屋

这一系列举动于1880—1910年间在欧美国家掀起了设计革命高潮，其简约的设计风格影响了众多设计师，以及新艺术运动中的维也纳分离派、包豪斯的风格[①]，其所体现出的将艺术、手工艺和建筑设计重新统一的思想[②]后来被传入了德国，并被纳入德意志制造联盟的纲领及包豪斯的教学理论与设计实践。艺术与建筑史学者尼古拉·佩夫斯纳将工艺美术运动中区别于折中主义的简单去装饰的形式风格视作现代主义的前奏[③]。

图1-13
身着汉服的宾

工艺美术运动在本质上并非一个简单的美学设计思潮，它没有拘泥于对某种特定风格的追求，更多的是体现了艺术家们对于大工业生产带来的一系列后果的批判态度及其所做出的努力——通过设计和艺术缓解工业生产的矛盾。尽管工艺美术运动有先天的局限性，带着乌托邦色彩的幻想与大工业化的时代背景格格不入，但其主张的技术与艺术相结合、实用艺术与纯艺术相结合、设计服务社会等思想原则为之后的现代主义运动奠定了思想基础，并被传承发扬。

19世纪末20世纪初，继工艺美术运动之后，一场覆盖范围更为广泛的艺术设计潮流席卷了欧洲并波及世界各地，这便是新艺术运动。新艺术运动涉及多个艺术领域，它源起于莫里斯对19世纪设计混乱、复兴倾向的抵制，以及他在艺术和工艺美术运动中起引导作用的理论，同时受到日本艺术风格的影响[④]。新艺术运动的名字源于法国商人萨穆尔·宾（图1-13）在巴黎开设的一间名为“新艺术之家”的商店兼设计工作室。有趣的是，这家店的诞生受到了日本浮世绘的影响——明治维新运动让日本登上国际舞台，19世纪70年代进口到欧洲的浮世绘所展现出的东方艺术在当地引起了轰动，画中那些优雅的线条、神秘的东方文化、具有异国情调的装饰迅速征服了早已厌倦古典学院派风格的设计师们。宾出资赞助了几位设计师结合日本艺术风格进行新艺术风格设计，同时发行关于日本艺术的杂志，宣传日本艺术风格，这影响了众多收藏家和艺术家，包括维也纳分离派画家古斯塔夫·克里姆特[⑤]。1900年“新艺术之家”（图1-14）的作品展获得了巨大成功，“新艺术”一词也因此广为人知。因此可以说，在一定程度上，日本艺术推动了新艺术运动的发展，尤其是在巴黎（图1-15）。

① PEVSNER N. Pioneers of modern design: from William Morris to Walter Gropius[M]. Yale University Press, 2005.

② 邓庆坦，赵鹏飞，张涛. 图解西方近现代建筑史[M]. 武汉：华中科技大学出版社，2009：55.

③ 同①。

④ DUNCAN A. Art nouveau and art deco lighting[M]. Thames and Hudson, 1978：10-18.

⑤ BOUILLON J P. Journal de l' Art nouveau：1870-1914[M]. Skira，1985：6.

⑥ RENAULTL. Les styles de l' architecture et du mobilier[J]. Jean-Paul bisserot，2006：107-111.

⑦ 何人可. 工业设计史[M]. 北京：北京理工大学出版社，1991：60.

⑧ Archived from the original (PDF) on 26 July 2011. Retrieved 2010-06-30. Edmond Lachenal produced editions of Rodin's sculptures.

如果说工艺美术运动的兴起是出于对大工业生产的不满，那么新艺术运动的产生则是出于对历史风格模仿的不满[⑥]。上文提到当时的欧洲正处于折中主义的混乱局面，僵化的学院派古典主义盛行，建筑师机械而盲目地照搬经典传统样式。而先锋一派则希望张扬艺术个性，并在当今现实的基础上创造一种更适合社会生活的未来艺术环境。为此他们需要彻底与旧有风格决裂，打破束缚，创造出新的、更具活力的风格。尽管新艺术运动深受工艺美术运动的影响，莫里斯所擅长的自然形式更是被新艺术运动的设计师们推向极致，但两者在对待工业化的态度上有着很大的区别。新艺术运动从根本上来说并不反对工业化[⑦]，它没有像工艺美术运动那样避开机械的使用[⑧]。当时欧

图1-14
新艺术之家

图1-15
19世纪日本浮世绘木刻（左）
新艺术运动画家阿尔丰斯·穆夏的作品（右）

洲大陆的反工业化情绪不及英国，而新艺术希望以当今现世为基础，为广泛受众提供一种具有时代精神的审美形态，因此工业化是必不可少的，人们在追求美学理想的过程中也逐渐接受了工业化，正如萨穆尔·宾所言，机器在大众审美趣味的发展中将起重要作用。

图1-16
奥尔塔住宅与工作室，维克多·奥尔塔

1884年后新艺术运动覆盖欧洲大陆，一场以其为中心的广泛设计运动在1890—1910年间达到了高潮。尽管部分国外文献将新艺术运动视为一种风格，但准确地说，这其实是一场运动，在阿拉其泰尔·邓肯的《新艺术》一书中也明确指出了这一点[①]。新艺术运动的普及体现了当时欧洲文化与社会背景大体上的相似性，但与此同时其在不同的国家、不同的派别又具有不同的特点与表现形式，这也反映出各思潮之间的碰撞、交汇与演化，并非一种风格所能概括。在后来的发展中，新艺术运动形成了两种截然不同的风格：一种是模仿自然流动形态与纹样的曲线构图，另一种是强调直线的简单几何构图。

早期西欧的新艺术运动风格更加偏向于自然形态的曲线构图，在建筑中，窗户、拱门和门常以双曲线和抛物线的形式呈现，且装饰模仿植物生长形态，以比利时、法国和西班牙地区为代表[②]。比利时是早期新艺术运动的中心，这主要归功于维克多·奥尔塔（图1-16），他设计了第一座新艺术风格的建筑：1893年的塔塞酒店和1894年的索尔维酒店[③]。奥尔塔擅长铁艺，在建筑和室内设计中喜用藤蔓般缠绕扭曲的曲线，这种富有张力的线条成为比利时新艺术的代表性标志，被人们称作“比利时线条”。比利时新艺术运动中另一个具有代表性的人物是亨利·凡·德·维尔德。维尔德不及奥尔塔那样个性鲜明，但他的影响同样深远。起初维尔德从事绘画与平面设计，而后开始对工艺美术运动和莫里斯产生兴趣，并建立了自己的艺术公司。1899年维尔德移居德国，之后一度成为德国新艺术运动的领袖，与包豪斯学校（1919—1933年）有着无限渊源，并促成了1907年德意志制造联盟的成立。维尔德是理性主义设计的先驱，他主张发展新的、理性的设计原则，同时他还主张技术与工业的结合，认为如果机械被合理利用，也可以创造出美。正是他这种具有前瞻性的思想使他与其他设计师区别开来，成为新艺术运动的核心人物。

① 王受之. 世界现代建筑史[M]. 北京：中国建筑工业出版社，1999：70.

② FAHR-BECKER G. Art Nouveau, an art of transition: from individualism to mass society[M]. Barron's Educational Series, 1982: 21.

③ LAHOR J. L'Art nouveau[M]. Parkstone International, 2007: 91.

图1-17
圣家堂，高迪

图1-18
巴特罗住宅，高迪

法国的新艺术运动同样具有较大影响。在巴黎，除了之前提到的“新艺术之家”，另一个具有重要影响力的新艺术运动设计团体是“六人集团”，这个松散的团体成立于1898年，由6位设计师组成，其中成就最为卓越的是赫克托·吉马德，他以曲线形态的植物纹样作为装饰设计元素设计了百余个巴黎地铁站出入口，这些设计得到了一个类似“比利时线条”的称呼——“地铁风格”。

西班牙巴塞罗那的安东尼·高迪是整个新艺术运动中最引人注目、最具创新精神的建筑师。他设计的建筑无论是外形还是色彩都给人以诡谲莫测、变幻万千之感，将塑性艺术具象到三维空间中，透露着生命形态的神秘、活力与激荡。高迪在创作中吸取了阿拉伯文化和哥特式建筑结构特点，并以自然主义、神秘主义和阿拉伯文化作为灵感源泉，虽然与比利时新艺术运动没有渊源，但在手法和情调上有着共通之处（图1-17、图1-18）。

相比早期的自然曲线风格，英国、奥地利与德国的新艺术运动更加强调直线与简单几何形态的构图。英国的新艺术运动的规模并不如工艺美术运动那样宏大，但也出现了一批具有深远影响的设计师，其中以苏格兰“格拉斯哥四人”中的查尔斯·雷尼·麦金托什最为突出。麦金托什一方面上承工艺美术运动，同时受到同时期维也纳与德国的新艺术运动影响，另一方面也深受日本传统艺术中简洁直线的启发。他的设计在当时独树一帜，直线与简单几何构图加上黑白等中性色彩的运用，与当时其他新艺术风格形成鲜明对比，他的作品中透露着立体主义与机器美学的倾向，这在他设计的格拉斯哥艺术学院（图1-19）中可见一斑，这个建筑是他的经典之作，拥有一个由大面积玻璃窗所占据的立面[①]。麦金托什的设计与早期新艺术运动朝着不同的方向发展，成为新艺术运动中一个重要的分支节点，他对艺术产品的工业化、批量化、机械化起到了推进作用，他的探索在维也纳分离派和德国青年风格的设计运动中得到进一步发展，是手工艺运动向现代主义运动过渡中的关键人物[②]。

在奥地利的维也纳，一群先锋艺术家和建筑师于1897年组成了维也纳分离派，以奥托·瓦格纳、约瑟夫·霍夫曼、约瑟夫·奥布里希和画家克里姆特等人为代表。他们以“为时代的艺术，为艺术的自由”为口号，宣称要与保守的学院派艺术决裂，其设计运动涉及建筑设计、家具设计、绘画等多个艺术创作领域。维也纳分离派的

图1-19
格拉斯哥艺术学院，麦金托什

设计风格较为大胆独特，同时具有与新艺术运动相一致的时代特征，他们受到麦金托什的影响[3]，同时又影响着德国的新艺术运动。他们的设计体式简洁，线条连续富有张力，虽然有许多取材于绘画或自然题材的装饰，但常以一种更为平面、抽象的形式表现出来，与早期新艺术运动风格所追求的自然主义有机形态相距甚远。

德国的新艺术运动以“青年风格”命名，名字来源于《青春》(*Jugend*)杂志，以慕尼黑为活动中心，设计师们希望通过恢复传统手工艺来挽救颓败的当代设计，思想上也受工艺美术运动的影响。初期阶段的青年风格派受到欧洲其他国家的影响，强调装饰，带有明显的自然主义色彩；1897年后在维也纳分离派的冲击下逐渐摆脱了曲线装饰的潮流，开始一系列探索，从简单的几何造型和直线中为形式找寻新的发展方向。青年风格运动中最重要的建筑师是彼得·贝伦斯，他是德国现代设计的奠基人，早期对日本艺术风格有着浓厚的兴趣，后来受到维也纳分离派的影响，开始有意识地摆脱新艺术风格，倾向于运用几何元素的形式构成，逐渐朝功能主义方向发展，对现代主义建筑大师密斯·凡·德·罗、勒·柯布西耶等人影响巨大。但是青年风格派并没有从根本上解决现代工业中所出现的设计问题，大约从1902年德国魏玛工艺与实用美术学校(包豪斯前身)筹建开始，一部分德国设计师从青年风格派中脱离出来，试图在工业化和机械化条件下从新的角度去探索新的设计。

除了上述地区，荷兰、意大利等地也存在新艺术运动，但是它们的规模和影响相对较小。总的说来，新艺术运动的设计师们过于关注装饰细节，常流于肤浅的“为艺术而艺术”，本质上仍然是一场装饰运动，未能对建筑形式、功能与技术的结合问题做出重大突破，这导致它盛行一时后便渐渐衰落。尽管如此，新艺术运动还是摆脱了历史风格的束缚，对多个领域的实用艺术进行了大胆探索与创新，其中活跃在格拉斯哥、维也纳和慕尼黑的先锋设计师们更是一反早期新艺术运动过于装饰性的曲线图式设计，更多地关注建筑的功能性与实用性，用更为理性简洁的手法和现代的材料技术进行设计，同时在作品的生产方式上进行新的尝试。这是现代设计摆脱旧形式

① BONY A. L'architecture moderne: histoire, principaux courants, grandes figures[M]. Larousse, 2006: 33.

② 王受之. 世界现代建筑史[M]. 北京: 中国建筑工业出版社, 1999: 83.

③ LAHOR J. L'Art nouveau[M]. Berlin: Parkstone International, 2007: 160.

桎梏并进行抽象简化的一个重要步骤，它上承工艺美术运动，下启现代主义，预示着手工艺时代的结束与工业化、现代化的到来。

综上所述，我们可以看出现代建筑的发展其实是顺应时代的，脱开社会背景及发展动机来看建筑，很容易陷入盲人摸象的窘境，对建筑的认知停留在表层形式上，只知其然而不知其所以然，这对今后建筑的发展也是不利的。尽管人们更多地将注意力放在20世纪的现代主义建筑运动上，但我们还应知晓它究竟是如何一步一步达到这样的成就的：18世纪中叶生产方式的改变和生产力的发展带来了社会巨变，一方面科学思想的传播普及、工程技术的提升为现代建筑的出现打下基础；另一方面社会突然的转变也带来诸多问题，如工业批量生产与设计之间的矛盾、建筑及城市容量与人们生活需求之间的矛盾、新兴资产阶级所推崇的古典复兴风潮与时代前行发展之间的矛盾。工艺美术运动的发起是为了解决工业化生产带来的粗制滥造的问题，而新艺术运动则是为了和古典复兴决裂。尽管早期新艺术运动深受工艺美术运动的影响，还停留在装饰改革的层面，但后来活跃在格拉斯哥、维也纳和慕尼黑的艺术家与设计师们开始摆脱了传统的束缚，成为时代的先行者与向现代过渡的至关重要的一环。其中维也纳作为中东欧新艺术运动的中心，维也纳分离派作为其最活跃的设计思潮团体，对欧洲国家的设计运动产生了不小影响，这是值得我们关注的。

第二章

延续或转化：维也纳分离派

CHAPTER TWO
CONTINUATION OR TRANSFORMATION:
VIENNA SECESSION

034 ~ 043

“人类成就的溪流因城市的存在而潺潺不断。城市是人力资本的中心，为艺术和科学提供了观众和赞助者”[1]。

——查尔斯·默里

19世纪中叶前，尽管距离工业革命开始已有约100年的时间，欧洲大部分国家的建筑仍保持着文艺复兴以来的面貌，新建的建筑中的确有部分包含一些新材料、新技术，但更多的还是古典复兴或折中主义风格。直到19世纪中叶时，一些国家才开始对自己的中心城市进行重建与改造，当时的维也纳也是如此。旧时维也纳的城市建设以防御为主，城市周围建有高大的围墙。随着住房矛盾的日益严峻，旧有的城市规划无法适应新时代的需求。1857年，奥地利皇帝开始了对维也纳的全面改造，包括用环城道路替代围墙、改善全城用水系统、修建公园、在环城道边修建大量公共建筑，以及将富人住区与贫民住区划分开来。这些建设与改造让维也纳的城市面貌变得更加合理美观，也使维也纳成为当时欧洲中心都会之一[2]。作为欧洲的心脏城市，奥地利的首都维也纳在当时已基本具备了现代意义上的城市特征，是经济发展和城市化进程的首要受益者，同时还孕育了大批艺术家和欣赏艺术的观众，成为文化生产的圣地[3]。19世纪至20世纪之交，在新艺术运动风潮的席卷之下，维也纳迅速衍生、发展出了自己的新艺术风格流派和组织团体。尽管它并非新艺术运动的策源地，但其取得的成就与带来的影响使之迅速成为中东欧新艺术运动的中心，引领着德语区新艺术运动的发展。

① 默里．文明的解析：人类的艺术与科学成就：公元前800—1950年[M]．胡利平，译．上海：上海人民出版社，2008：125.

② 王受之．世界现代建筑史[M]．北京：中国建筑工业出版社，1999：83.

③ Schorske C E. Fin-de-siècle Vienna：politics and culture[M].Vintage，2012：12.

1

分离派的创立与主张

1897年，受西欧新艺术运动的影响与启发，一批艺术家、建筑家和设计师聚集在维也纳，创立了名噪一时的维也纳分离派。分离派运动的口号是“为时代的艺术，为艺术的自由”[④]（图2-1），其主张理念也正如该组织的名称，“分离”意味着与传统的美学观决裂，与正统的学院派艺术分道扬镳。艺术家们主张创新，强调表现功能的“实用性”和设计的“合理性”，在追求创作上的自由与个性的同时，提倡与现代生活相结合。相比西欧早期的新艺术运动风格，分离派更强调直接与简单的几何形体构图，其根本精神在于反对传统的规范艺术，主张与现代文化生活的接触与融合。画家古斯塔夫·克里姆特，建筑家和设计师奥托·瓦格纳、约瑟夫·霍夫曼、约瑟夫·奥布里希、科洛·莫泽尔等人都是这个团体的重要活跃学者和推动者。他们重视设计的使用功能，偏爱几何形式与有机形式相结合的装饰造型，表现出与西欧新艺术运动相一致的时代特征而又独具特色。他们大胆实践，定期举办画展和设计展览，并积极发行艺术杂志，如1900年出版的设计期刊《室内》，在欧洲影响颇为广泛。

图2-1
分离派会馆门楣上的口号标语：
“为时代的艺术，为艺术的自由”

④“为时代的艺术，为艺术的自由”，翻译自德语“Der Zeit IHRE Kunst，Der Kunst Ihre Freiheit”。

2

分离派重要成员

维也纳分离派最初由克里姆特、霍夫曼、奥布里希、莫泽尔等人于1897年在维也纳正式创立，1898年重要标志建筑分离派会馆落成。克里姆特是分离派组织的第一任主席，被誉为“奥地利伟大的画家”。他创作了大量壁画，打破传统的绘画形式，绘画风格在取消透视深度的前提下趋向平面化，擅长运用大量装饰性曲线和富有象征意义的形式语言，表现出强烈的华丽工艺化风格，同时采用金属、玻璃、宝石等材料做点缀，极具有“镶嵌风格”。克里姆特早年的画风承袭了英国拉斐尔前派和法国印象派的传统，自创立“分离派”后，开始把亚述、希腊和拜占庭镶嵌画的装饰趣味引入绘画中，用“孔雀羽毛、螺钿、金银箔片，蜗牛壳的花纹、色彩或光泽”，创造了一种“画出来的镶嵌”绘画，使作品中的绘画和工艺性达到了极致[①]，此外，金色的运用也成为克里姆特画作的一大特点，以至于现在每当人们提到他的画作时都会称之为“克里姆特标志性的金色”(图2-2、图2-3)。在后来分离派的不少建筑作品中，这些风格特点也得到了展现，如分离派会馆及瓦格纳的众多早期作品。

图2-2
分离派绘画《吻》，克里姆特

图2-3
分离派绘画《鲍尔夫人》，克里姆特

奥托·瓦格纳作为维也纳学派的重要建筑师与规划师，于1899年加入该组织。瓦格纳年轻时接受传统的古典建筑教育，后来在工业时代的思潮影响下逐渐形成自己新的建筑主张。1895年他在自己的《现代建筑》(*Modern Architecture*)一书中指出，新结构、新材料必然导致新形式的出现，应反对历史样式在建筑上的重演。他主张建筑设计要基于现代生活需求，在结构和建造材料上运用简化的表达[②]。他的建成作品数量众多，鲜明地反映了其理念主张，其成就在奥地利乃至西方建筑史中具有不容忽视的地位(图2-4)。同时，瓦格纳是维也纳美术学院的教授。在他的严格教导下，学生中人才辈

① Schorske C E. Fin-de-siècle Vienna：politics and culture[M].Vintage，2012：208-278.

② SARNITZ A. Otto Wagner：forerunner of modern architecture[M]. Taschen，2005.

③ 同②。

④ SEMBACH K J. Art Nouveau[M]. Taschen，2002：36.

⑤ Teaching Art Nouveau：Joseph Maria Olbrich. National Gallery of Art (USA) [J]. Retrieved 18 February 2013：129.

⑥ Josef Hoffmann. Collection[J]. Cooper-Hewitt，National Design Museum，Retrieved 3 October 2012：42.

出，例如，属于分离派创始人的霍夫曼和奥布里希。学生们在他的影响下，沿袭承继其主张，发展出新观点，并在建筑设计的各领域积极地进行现代主义建筑实践探索。由于瓦格纳的建筑思想与实践影响范围广泛，为分离派的建立和发扬光大奠定了坚实的基础，因此被誉为“分离派运动之父”[③]。

约瑟夫·奥布里希是瓦格纳的得意门生，也是分离派的创始人之一。早期先后就读于维也纳应用美术学院和维也纳美术学院，并在求学期间获得了很多学术荣誉。1893年，他师从瓦格纳，在瓦格纳的工作室参与了很多实际建筑工程项目[④]。奥布里希于1898年设计的分离派会馆（图2-5）为当时的先锋艺术家们提供展览场所和交流空间，是维也纳分离派的标志。其设计承袭了分离派简明装饰、几何构图的建筑风格。作为维也纳分离派最具代表性的建筑，它的建成在一定程度上提升了分离派在当时的影响力[⑤]。

约瑟夫·霍夫曼也是瓦格纳学生中的佼佼者，分离派的创始人之一。早年他在德国慕尼黑学建筑设计，1895年回到维也纳后投入瓦格纳门下，在瓦格纳事务所工作。霍夫曼在建筑、室内与家具设计等领域均取得了丰硕的成果，如1910年完成的斯托克雷府邸被誉为“集分离派大成”之作[⑥]。在分离派运动时期，他的设计主张师承瓦格纳，提倡装饰设计的简洁性。他曾在分离派杂志《室内》中写

图2-4
维也纳邮政储蓄银行营业大厅，奥托·瓦格纳

图2-5
分离派会馆，约瑟夫·奥布里希

道："所有建筑师和设计师的目标，应是打破博物馆式的历史樊笼而创造新的风格。"① 他设计的家具多数有着超前的现代感，为机械生产与优秀设计的结合做出了巨大的贡献，因此他也被誉为"早期现代主义家具设计的开路人"。

另外值得一提的是约瑟普·普雷其尼克（Josip Plecnik）。早期普雷其尼克师从瓦格纳，并凭借其优秀的专业能力成为瓦格纳学生中的佼佼者。毕业后普雷其尼克曾游学于欧洲各国，研习古典建筑，这对他后期在卢布尔雅那的设计生涯产生了重大影响。游学归来后的普雷其尼克加入了维也纳分离派，完成了大量的建筑设计工作，成为当时维也纳最杰出的建筑设计者之一。在这期间他追随瓦格纳，暂时隐藏了自己的古典主义情愫。1920年普雷其尼克前往斯洛文尼亚的首都卢布尔雅那定居，并迎来了他设计生涯的巅峰时期。普雷其尼克基于当地历史文化与地域特征并追溯古典，为卢布尔雅那做了城市规划，并在此基础上为这座城市设计了大量的建筑作品。普雷其尼克的大卢布尔雅那计划无论是对于这座城市还是对于他自己，都有着非凡的意义。

分离派其他早期的重要成员，包括画家马克思·科兹威尔和威廉·贝纳齐克等，他们在各自的艺术领域积极实践，定期举行展览，致力于新艺术设计思想的传播，但较少涉猎建筑设计领域。

① LANGSETH-CHRISTENSEN L. A design for living: Vienna in the twenties[M]. Viking Adult，1987：2.

3

分离派的横向交流

19世纪末，欧洲各国在不同程度上完成了工业革命，都已具备了相当规模的工业体量，带来了重要的经济和社会变化。自然科学的发展和唯物主义哲学的传播，开阔了人们的视野；交通工具和传播方式的进步，使得欧洲城市之间的交流日益增多；印刷技术的迅速发展也促进了刊物的发行兴起，很多先锋艺术团体都相继创办了自己的刊物，并很快成为交流传播的重要载体；各类画展、报告会、音乐会等文化活动也在欧洲各国间流行，吸引了各界的关注。与此同时，“世界博览会”开始兴起，官方组织者在竞争的驱使下向建筑师和装饰艺术家们大量订货，无形中推动了艺术创作的发展，为艺术作品的展现提供了良好的契机，更是极大地促进了各国间的艺术文化交流与互渗[②]。

在这样的社会背景下，分离派的先锋艺术家们与同时期其他先锋艺术团体的交流也变得十分频繁和密切。1900年，英国设计师麦金托什应邀参加了第八届分离派展览，并因此获得极大的成功，赢得了国际声誉。而以他为代表的英国格拉斯哥四人组的设计风格，随后也对分离派产生了巨大的影响。麦金托什的设计偏好黑白色，以工整优雅的水平垂直线条支撑出简单几何形体，并配有极少的装饰，他受日本及东方美学的影响，形成了一套清晰的形式语言。在瓦格纳1912年设计的自宅中，可以明显看到其受到格拉斯哥风格的影响。而霍夫曼本人也直接声称自己深受麦金托什的影响，偏爱规整的垂直构图，并在此基础上逐渐演变成了自己的方格网形式特征，由此享有“棋盘霍夫曼”的雅称[③]。另外，霍夫曼与科洛·莫泽尔在1903年创立的维也纳制造联盟，也得到了麦金托什的指导，而在他后来设计的位于布鲁塞尔的斯托克雷府邸中，同样也可以看到麦金托什的影响痕迹[④]（图2-6）。

② 赵前，赵鹏．关于新艺术运动文化背景的研究[J]．华中建筑，2009（11）：9-12．

③ DAVIDSON F. Charles Rennie Mackintosh[M]. Pavilion Books，2018：18.

④ 王受之．世界现代建筑史[M]．北京：中国建筑工业出版社，1999：81．

在当时，维也纳分离派的设计运动不仅只在奥地利产生影响，他们的设计出现在了帝国以外的主要城市，最著名的例子是1905年由霍夫曼在布鲁塞尔建造的斯托克雷府邸，这座建筑的内部装饰也是分离派的设计风格，包括霍夫曼与莫泽尔设计的家具、装饰以及克里姆特的画作[①]；之前也提到过，德国早期新艺术运动倾向于曲线装饰构图，后来在维也纳分离派的冲击下转为直线构图；此外，贝伦斯也在一直关注维也纳分离派的设计探索，特别是瓦格纳和霍夫曼的设计，逐渐看清了设计艺术改革与发展的道路，认识到新时代的设计必须将工业生产技术和材料工艺紧密结合才能拥有活力。19世纪末期，瓦格纳、克里姆特、霍夫曼等维也纳先锋艺术家均积极投身于比利时新艺术运动的创建中。比利时画家斐迪南德·克诺普夫曾于1898年应邀参加了维也纳分离派的首次画展，并得到了评论界的一致称颂（图2-7、图2-8）。同年他还在分离派新创办的杂志《神圣之春》中策划了一期专刊。克诺普夫在与分离派的交流中也受到影响，之后逐渐形成了自己的新艺术风格。

图2-6
格拉斯哥艺术学院，查尔斯·麦金托什

① LAHOR J. L'Art nouveau[M]. Parkstone International，2007：63.

图2-7
1898年分离派展览作品，阿尔弗雷德·罗勒

图2-8
分离派展览海报，阿尔弗雷德·罗勒

4

分离派：落幕后的未完待续

作为欧洲的心脏城市、文化的交流圣地、现代文明的聚集之所，维也纳吸引拥簇着大批的情才精湛的艺术家与欣赏艺术的观众，更培育出了在19、20世纪之交的西方建筑历史中挥洒过浓重笔墨的分离派艺术风格团体。

从1895年瓦格纳在《现代建筑》的新思想“发声”，1897年维也纳分离派的正式成立，1898年分离派会馆正式竣工和首次分离派画展的举办，到1900年学术期刊《室内》的发行，维也纳分离派步入发展盛期。然而在1905年，分离派内部发生观念分歧：以克里姆特为代表，包括瓦格纳、奥布里希和霍夫曼在内的建筑师和设计师群体，提倡艺术与工业的结合，追求“整体艺术”。而以约瑟夫·恩格哈特为首的自然主义画家们，则追求纯艺术。这些分歧最终导致克里姆特和其他重要成员离开了维也纳分离派，随后团体发展步入衰落。到1918年，显赫一时的奥匈帝国随着“一战”的结束而解体，克里姆特和瓦格纳也在这一年相继去世，标志着分离派的落幕。

虽然分离派的活跃时间持续了仅十数年，之后被新的艺术潮流所取代而逐渐消匿，但这场转瞬“落幕”的运动，在历史浪潮中留下了广泛而深远的、不容忽视的影响，这场落幕将会永远是“未完待续”的。分离派团体的先锋艺术家们，在其最为活跃的数年间，宣扬与传统形式决裂的新艺术思潮，号召“为时代的艺术，为艺术的自由”；兴办学术展览和刊物，积极投身于建筑、画作、家具等设计实践，在各艺术领域成就颇丰；将当时国外的先锋艺术思潮大力引入奥地利，提升其国际艺术地位，也促进了欧洲的先锋艺术团体间的互助交流。在积极探索现代化建筑的道路上，他们是名副其实的“先锋”；在通向现代化建筑的实践中，他们构成了迈向未来的重要历史性环节。

在分离派没落之后，它的影响其实并未消失殆尽。多名曾活跃于分离派，或与瓦格纳及维也纳美术学院有一定渊源的设计师们仍在坚持现代化的实践探索。他们有的去往别的城市，如布拉格、卢布尔雅那，甚至洛杉矶，有的仍活跃在维也纳。他们持有不同的设计理念，有的注重古典美学与地域性的结合，有的则更偏向现代主义，但在他们的设计里，或多或少都能感受到维也纳分离派潜移默化的影响。

图2-9
分离派成立100周年纪念邮票，1998年发行

第二部分

“为时代的艺术”：维也纳分离派建筑的现代化探索

II "ART FOR THE TIMES":
A MODERN EXPLORATION OF ARCHITECTURE OF VIENNA SECESSION

第三章

实用功能与合理装饰：奥托·瓦格纳

CHAPTER THREE
PRACTICAL FUNCTION AND REASONABLE DECORATION:
OTTO ·WAGNER

046 ~ 074

“建筑设计应该集中为现代生活服务，而不是模拟过往的方式和风格；是为现代人服务的，而不是为古旧复兴产生的。”[①]

——奥托·瓦格纳

奥托·瓦格纳于1841年出生在维也纳的郊区。他所处的19世纪末叶，维也纳这座城市一直在两种形象之间徘徊：一个是作为封建专制主义的奥匈帝国首都，另一个是作为欧洲最现代化的都市之一[②]。在帝国的政治思想与新兴工业化思潮的冲击下，维也纳的建筑发展变革面临新挑战。新的科学技术和审美的出现，影响波及各个学科领域，曾经被认为“不变”的真理，也开始遭到质疑。一股迈向“现代风”的艺术风格在维也纳应运而生。瓦格纳则是这一时期影响最为深远的艺术家之一，更是现代建筑设计的主要代表人物。

1 维也纳学派与分离派运动的先驱

瓦格纳是维也纳学派的创立者之一，也是当时重要的建筑师和规划师，他的建成作品数量众多，理念主张影响深远，其成就在奥地利乃至西方建筑史中具有不容忽视的地位（图3-1）。瓦格纳年轻时接受传统的古典建筑教育，在50岁之前主要以新古典主义建筑师的身份进行建筑实践，之后历经工业时代的艺术思潮到维也纳分离派的兴起，在朝建筑现代化的方向迈进中逐渐形成了自己的现代建筑主张，其思想在1894年于维也纳美术学院担任教授期间达到顶

图3-1
奥托·瓦格纳，1841—1918年

峰。在这之后，逐渐形成了以他为代表人物的维也纳学派建筑团体，主张建筑形式应是对材料、结构与功能的合乎逻辑的表述，反对历史样式在建筑上的重演[3]。

1895年，由他发表的著作《现代建筑》，被视为当时欧洲建筑学的基准点。他主张建筑设计要基于现代生活需求，在结构和建造材料上运用简化的表达。他提倡将建筑技术与功能实用性结合起来，在积极采用新型建筑材料、注重建筑实用性的同时，也不忽视简洁的、必要的装饰。瓦格纳也是建筑师职业化进程中的先驱，很多该时期欧洲重要的先锋建筑师早期都曾在他的事务所中工作过，并深受其影响。他的事务所也因此被很多历史学家认为是第一个现代意义的建筑师事务所。

另外，瓦格纳在维也纳美术学院任教期间，他的学生中也是人才辈出，例如，维也纳分离派创始人约瑟夫·霍夫曼和约瑟夫·奥布里希，以及有着“斯洛文尼亚现代主义建筑之父”之称的国宝级建筑大师约瑟普·普雷其尼克，捷克“科特拉”现代主义建筑运动的领导人扬·科特拉，捷克立体主义建筑理论领袖及现代主义建筑运动代表人物帕韦尔·亚纳克，出生于维也纳活跃在洛杉矶、加利福尼亚现代主义建筑运动的奠基人鲁道夫·辛德勒，等等，这些当年建筑界各流派的风云人物，也都曾在维也纳美术学院求学，师从瓦格纳。

瓦格纳在1899年正式加入了维也纳分离派团体。维也纳分离派主张打破在审美上一味盲目模仿以往艺术风格的羁绊，宣扬与传统“决裂”的新艺术风格，在当时欧洲艺术设计界名噪一时。该组织的创立者中，有两位是瓦格纳在维也纳美术学院的学生，即前文提到的约瑟夫·霍夫曼和约瑟夫·奥布里希。其余的创始成员与瓦格纳也有频繁的学术交往。瓦格纳虽然不是最初的创始成员，但他在组织成立的第三年正式加入后，积极地参与分离派的学术活动，比如，设计了分离派杂志《神圣之春》的封面并定期撰写文章发表在该杂志上。在政治上，他支持由国家来扶持艺术，十分看重那些用自己的艺术来促进国家发展的艺术家，这点也是分离派其他成员的共同理念。另外，他本人与分离派的设计风格也相互渗透影响，在他后

① WAGNER O. Modern architecture: a guidebook for his students to this field of art[M]. Getty center for the history of art and the humanities，1988: 24.

② 阿森修.瓦格纳与克里姆特[M].王伟，译.西安：陕西师范大学出版社，2004: 8.

③ SARNITZ A. Otto Wagner: forerunner of modern architecture[M]. Taschen，2005: 24.

期的建筑设计作品中，充分体现了分离派所倡导的简洁、实用、功能性设计原则。正是由于瓦格纳的思想主张以及建筑实践影响范围十分广泛，为分离派的发展奠定了坚实的基础，因此被称为“分离派建筑之父”[①]。

2

连续性语言的践行者：瓦格纳的创作实践

瓦格纳的建筑作品数量众多，建成年代跨度大，从1864—1912年，足足跨越了近半个世纪。其设计风格也由早期的古典复兴到崭露头角的现代主义，可谓是一本展现从19世纪中期到20世纪初风格演变的教科书。其作品多数位于维也纳市内及其周边地区。以他为代表人物的维也纳建筑学派得到了维也纳市政府以及其他社会部门的广泛支持，这使得瓦格纳的建筑设计理念和风格特征在这座城市的建设实践中得以充分展现。

1）转向现代化的初探索

1841年，瓦格纳出生于维也纳的郊区，年轻时在维也纳理工学院和柏林皇家建筑学院攻读建筑学。在德国完成学业之后，他回到维也纳开展建筑设计工作。1864年，完成了自己的第一个项目——古典主义风格房屋的设计。在中年之前，瓦格纳主要以新古典主义建筑师的身份进行建筑创作实践。到19世纪80年代中晚期，瓦格纳受到欧洲各地涌现的，包括新艺术运动在内的众多新思潮的影响，

① 康立超，栾丽. 现代建筑设计楷模.奥托·瓦格纳[J]. 美术大观，2009 (5)：52-53.

开始思考在建筑设计中减轻对历史形式的依赖。随后，他放弃了“新古典主义建筑师”这个已经成名的身份定位，将前行的方向对准了建筑的现代化探索，尝试与古典主义风格“分离”开来。在转向现代化的进程中，瓦格纳不仅提出了具有划时代意义的现代建筑宣言，还积极地结合建筑创作实践，来探索突破的方向，因而这些转变，也能够明显地反映在这一时期他的建筑作品中。

奥地利州银行大厦（图3-2~图3-4）于1884年建成，时处瓦格纳从新古典主义转向探索现代化风格的初期。该建筑位于一个不规则的基地内，建筑主体的平面布局巧妙地采用了古典对称的手法，沿街立面的造型也严格承袭了古典主义的历史风格。

图3-2
奥地利州银行大厦沿街立面

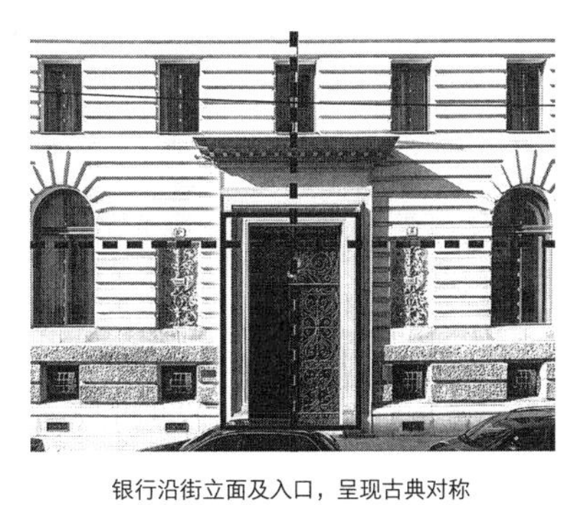

银行沿街立面及入口，呈现古典对称

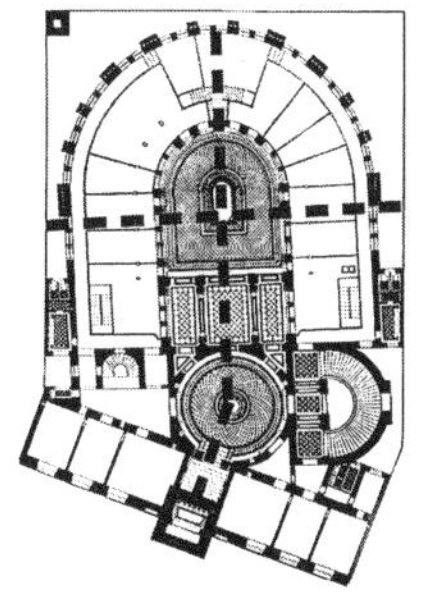

银行平面图

对称轴线

主要入口

图3-3
奥地利州银行大厦沿街立面及平面分析

图3-4

奥地利州银行大厦大厅

诸多创新手法体现在这栋建筑的内部和细节设计中。从入口通过圆形前厅后，开始转向为主轴序列。在大厅这一序列最核心的位置，瓦格纳搭建了一个被古典圆形门廊环绕的大空间，顶部区域采用大面积的钢构架玻璃窗，让光线可以柔和地穿透进来，照亮每一个房间①。高雅的石柱林立，门拱方圆相间，覆盖着玻璃瓷砖的钢骨架地面明亮洁净，古典与现代的元素在这里交织对话。瓦格纳创新性地在古典建筑中运用了铁和玻璃等新建筑材料，反映了19世纪最新的技术进步与成果②。

之后的1894年，瓦格纳迎来了他转变期的一个重要事件。维也纳美术学院这一历史悠久的建筑教育学院，当时对年轻人的吸引力正走下坡路，于是学院邀请了知名的瓦格纳来担任建筑学教育的教席，以期挽救颓势。瓦格纳欣然接受了聘任，而这也成为他的建筑事业走向新高度的重要推力与契机。1895年，瓦格纳为学院准备了题为《现代建筑》的新教材，旨在指导学生们成为迈向未来的建筑师。该书围绕三个明晰的话题：迎接现代生活，告别折中主义，用时代的技术和材料创造时代的新形式③。同时，瓦格纳提出了相当多的自己的新观点和新宣言，例如著名的“不实用的东西就不美丽”“今天建筑主流观点的基础必须改变，我们需要注意到艺术作品的出发点是现代生活”等④。该书的出版，也奠定了他在现代建筑史上的重要地位——系统地提出现代建筑宣言的现代主义先驱之一。

面对维也纳环城内史无前例的大建造需求，瓦格纳接受了新时代的挑战，将自己接到的项目变成他的理论试金石，不断探索与实践。他敏锐地抓住了一个和古典“分离”的突破口——金属材料。金属和石材的对立使用，是这个时代的分水岭⑤。而当时大量待建的维也纳城市基础设施工程，恰好成为发挥这种新兴材料和技术的最好舞台。瓦格纳当时接手的几个公共建设项目中也很好地诠释了他对金属与石材等新材料的理解，他与他的学生约瑟夫·奥布里希共同完成的卡尔广场地铁站出入口（图3-5）设计就是其中的典范之一。

卡尔广场地铁站出入口建成于1899年，为了与周围的两个皇室宅邸取得协调一致的效果，他们将两个出入口设计成两个对称布置

① GRAF O A. Otto Wagner：the work of the architect：1860-1902，volume 1[M]. Second edition. Vienna：Böhlau Verlag，1994：243.

② 王晶. 奥托·瓦格纳[M]. 北京：中国电力出版社，2007：36.

③ WAGNER O. Modern architecture [M].The getty center publication programs，1988： 3.

④ WAGNER O. Modern architecture：a guidebook for his students to this field of art[M]. Getty center for the history of art and the humanities，1988：24.

⑤ 王辉. 建筑与音乐：挥霍时间：两个瓦格纳[J]. 世界建筑，2016 (2)：26-29.

图3-5
卡尔广场地铁站出入口之一

的亭子。从外观上看，建筑以纤细的钢铁骨架包裹单薄的大理石板，完成了暴露骨架的立面，在古典的结构形式上创造了对立共存的现代气息。镀金饰物和白、绿两色的主体框架，在用色上颇具古典风格，而用柔美的卷叶、纤长的线条、平面化的涂饰、鎏金的纹样，反映了代表当时新兴资产阶级审美的新艺术风格①。

这个地铁站在1981年险些因城铁系统改造被拆毁，在公众的抗议下，才在拆解后又重新组装在高于原基座2m的广场上②。现在其中一个站口是一间咖啡馆，另一个则是维也纳博物馆的一部分，同时兼地铁入口。瓦格纳在这个设计中充分发挥了他对新兴材料的理解与运用，铁艺与玻璃的组合为这座建筑增添了不少现代气息和优雅气质。同时，建筑内部非常注重实用性，通过对空间的合理布局来体现建筑的功能逻辑（图3-6~图3-8）。

① Vienna museum guide[M]. Pichler Verlag，2000.

② KAISER G. Architecture in Austria in the 20th and 21st centuries[M]. Birkhäuser Architecture，2006：58.

图3-6

卡尔广场地铁站侧立面（一）

图3-7

卡尔广场地铁站侧立面（二）

图3-8

卡尔广场地铁站顶棚与檐口

2）分离派的巅峰

1899年，瓦格纳正式加入了维也纳分离派的阵营。这个时期也是分离派组织在欧洲艺术界的活跃度和话语权的顶峰时期。他本人的设计风格与分离派的设计风格相互渗透，在他的建筑作品中也显露无遗。

瓦格纳设计的马略尔卡住宅公寓（图3-9）以分离派风格装饰为主，充分体现了新艺术运动所倡导的轻快简明、实用、功能性设计原则。这一公寓也被认为是瓦格纳首个属于新艺术运动风格的建筑作品。公寓的立面两侧各有一列缩进式阳台，将公寓与相邻的建筑区分过渡开（图3-10）。立面装饰采用带有粉色旋花漆纹的意大利陶砖，用色活泼鲜艳，窗框上方点缀着狮头浮雕，整个建筑形体简洁而细节丰富细腻。

公寓内部的螺旋楼梯中间装有一部式样典雅的电梯，成为垂直的轴线，通过短的过道连接到每层楼面（图3-11）。内部空间基于使用功能合理安排，清晰有序。垂直轴线上的这个楼梯间成为设计中的一大亮点，它呈旋转上升式，蜿蜒的曲线以及几何图形的装饰十分简单明快，现代气息浓郁[①]。同时电梯与楼梯扶手采用新兴建筑材料的代表——铁构件，使整个垂直轴线轻巧、宽敞、明亮。

图3-9
马略尔卡住宅公寓沿街立面

① 阿森修.瓦格纳与克里姆特[M].王伟，译.西安：陕西师范大学出版社，2004：27.

公寓两侧的缩进式阳台，过渡相邻建筑

公寓阳台与立面装饰　　阳台铁钩栏杆　　窗框狮头浮雕

图3-10

马略尔卡住宅公寓立面分析

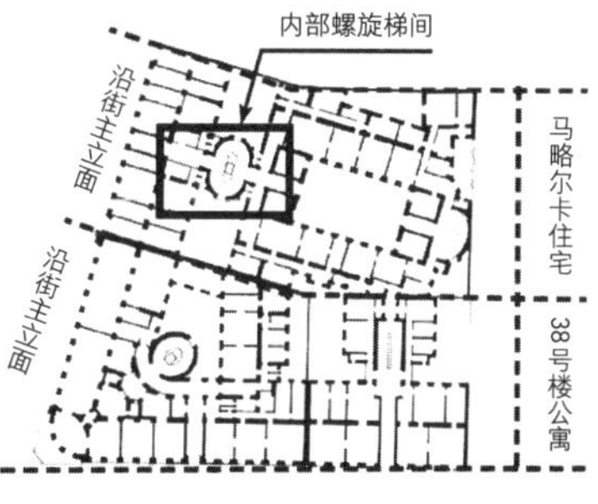

图3-11

内部螺旋梯与公寓平面图

紧邻着马略尔卡住宅公寓，瓦格纳又在林克芬莱街上设计了38号公寓（图3-12）。该公寓的贴面外饰由同属分离派的艺术家科洛·莫泽尔负责设计，以金色为主调，用镀金粉刷灰泥，装饰风格华丽，十分引人注目[①]。同时，使用了人体的塑像或浮雕来表现建筑的人文关怀，如女性面庞圆形雕饰。分离派惯用的自然纹饰如瀑布状垂饰、叶纹饰等也满覆了立面，洋溢着分离派的特点。38号公寓大楼朝街口的一面呈弧形，这个圆形街角也是瓦格纳的设计重点，在建筑细节上花了很多心思精雕细琢。每层设有三个装点繁复的古典样式窗户，屋顶的两座青铜雕塑由雕塑家奥特马·辛科维兹设计，使得整个街角立面显得华丽而精致[②]（图3-13）。

在这两栋城市沿街公寓的设计中可以看到（图3-14），瓦格纳在将建筑与城市看作整体的前提下，运用适当的比例和秩序，根据所处环境合理设计建筑立面来呼应城市背景。在建筑功能的设置中，首层沿街商铺保证了街道商业的延续性，上部住宅也根据内部功能的差异，采用过渡阳台、圆形街角、垂直螺旋梯等设计以呼应环境。瓦格纳认为，建筑的实用功能性与艺术观赏性应当深深融入人们的日常生活，尤其是在城市建设方面应发挥积极的作用，与社会生活相融合，城市与建筑群面貌应统一和谐。他的这一设计思想影响了同时期许多重要的奥地利建筑师，如阿道夫·路斯，以及奥布里希、霍夫曼等人。

图3-12
38号公寓沿街立面

① WAGNER O. Modern architecture: a guidebook for his students to this field of art[M]. Getty center for the history of art and the humanities, 1988: 24.

② HOFMANN W, KULTERMANN U. Modern architecture in color[M]. New York: The Viking Press, 1970: 164.

图3-13

38号公寓，圆形街角；女性面庞圆形雕饰；内部电梯

公寓沿街视角，实景照片

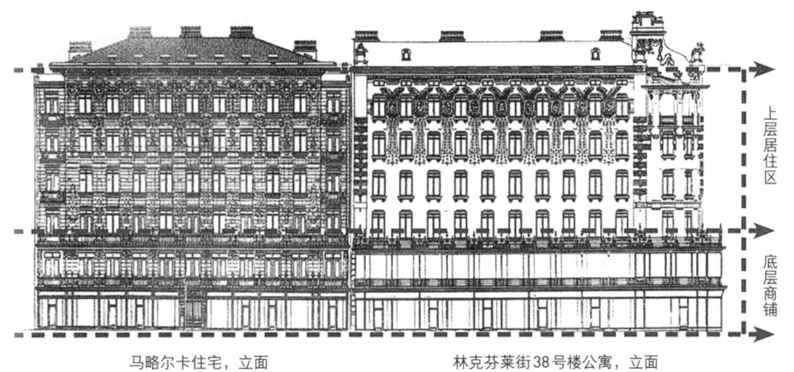

图3-14

公寓沿街立面分析

3）现代之光下诞生的杰作

1902年，瓦格纳通过建筑竞标，赢得了斯坦赫夫精神病综合理疗中心项目这一项大型开发计划。斯坦赫夫教堂（图3-15）是这个大规模项目开发计划中的一部分，也是该项目中的核心工程。教堂选址建造在山顶，坐落于该片区的地理最高点，俯瞰整个开发区域[①]。教堂的设计吸纳了多种风格，结构框架是新古典主义的，内部空间布局结合了文艺复兴时期的风格，而在形式和材料上又很容易让人联想起巴洛克风格（图3-16）。迷恋异国氛围的情结也常常变成瓦格纳的一个灵感之源，例如，这座带着金色穹顶的教堂，在形式上借鉴了俄国的东正教教堂，外观上与伊斯坦布尔的清真寺也有着一定的联系，可能这与奥地利一直自诩为拜占庭帝国的继承者不无联系。

在用材上，最标志性的金色圆形穹顶用铜制护板包覆，内部则由一个镀金网式结构密封，网面上布满了许多的白色金属小方块。建筑外饰面的大理石护板装点锚固着的铸铝铆钉，入口的铁构金属雨篷彰显着时代的气息，与乡土风格的毛石基座形成对比，这也是瓦格纳的惯用设计手法。在装饰上，教堂和分离派密切相关，可以

铜制金色方块，圆形穹顶外部

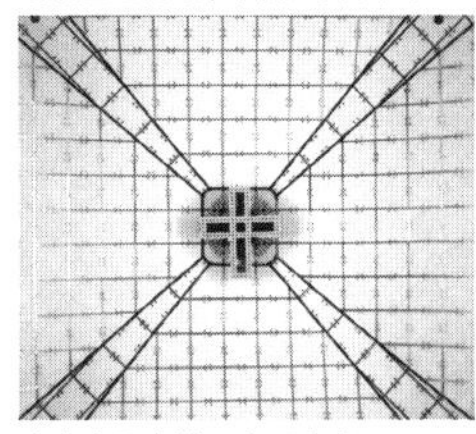

白色金属方块，穹顶内部

彩绘玻璃上的教会故事，教堂内部

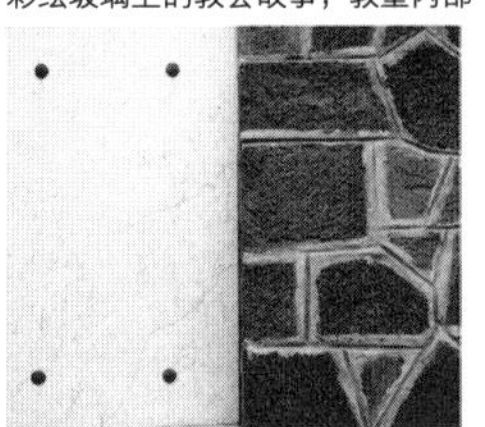

大理石护板的铸铝铆钉与毛石基座，教堂外部

图3-16

斯坦赫夫教堂材料分析

图3-15

斯坦赫夫教堂

① SCHÖNTHAL O. Die Kirche Otto Wagners[J]. Der Architekt，1908，14 (2) .

② KOLLER-GLUCK E. Otto Wagners Kirche Am Steinhof (in German) . Wien：Edition Tusch，1984.

③ 阿森修. 瓦格纳与克里姆特[M]. 王伟，译. 西安：陕西师范大学出版社，2004：32.

看到大量与分离派其他艺术家合作设计的成果，譬如科洛·莫泽尔装饰的彩色玻璃，雕塑家奥特马·辛科维兹的天使像等，堪称分离派设计的集大成之作。在技术上，教堂将穹顶的吊顶降低了56英尺（约1.7米），来解决声学和保温的问题，用巨大的彩色玻璃窗侧面采光，并采取了先进的水暖系统为这个建筑供暖[②]（图3-17、图3-18）。

瓦格纳提出，要建设一座体现博爱精神的教堂[③]。他吸纳不同风格作为灵感来源，以独具个人特色的方式在这个教堂中再度呈现出来，于是我们看到了宏大壮阔的希腊十字结构，包纳着闪烁金色光点的现代穹顶；活力鲜艳的分离派装饰图纹，讲述着福音书上神圣的教会故事；轻巧纤细的金属构件，对比着质朴平实的厚重石料。在古典与现代的交织中，带着不同时代的记忆，以一种包容的态度，展现了宏大而复杂的博爱精神。

斯坦赫夫教堂，平面图

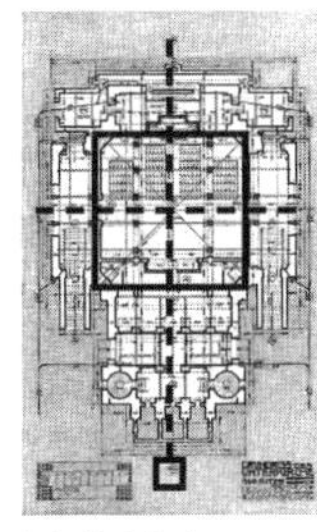

礼拜大厅，教堂内部

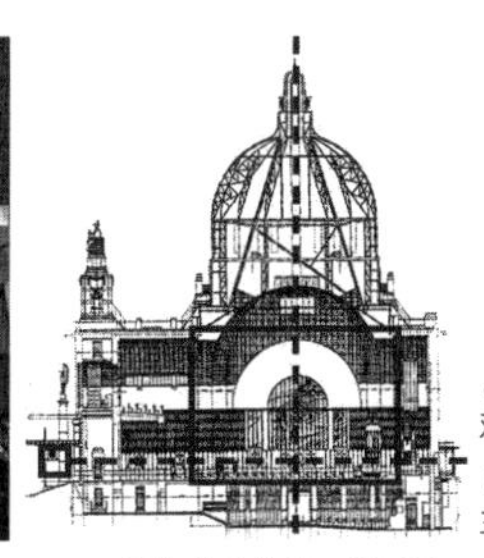

斯坦赫夫教堂，剖面图

图3-17
斯坦赫夫教堂平面、剖面分析

图3-18
斯坦赫夫教堂，礼拜大厅及入口

瓦格纳在正式加入分离派后的这段时期，一直在尝试转向更加现代的设计风格。在完成于1902年的维也纳新修道院40号公寓（图3-19、图3-20）的设计中，贯彻了他的“功能第一，装饰第二”的设计原则，并几乎完全抛弃了新艺术运动风格的自然主义曲线，采用了简洁的几何形态，仅以少数曲线点缀达到装饰效果。

而之后的奥地利邮政储蓄银行（图3-21），则可称为是瓦格纳在新世纪最广为人知的杰出建筑设计代表作。这个银行的设计和建造完成于1903—1912年间，坐落在城市广场街道的一端，建筑整体朴素、简洁、大方，风格上与所处的广场环境十分协调，适合市民日常生活的环境氛围。在建筑的顶端，高高站立着两尊守护女神雕像，与广场遥相呼应。

奥地利邮政储蓄银行的设计竞赛在1903年2月以匿名的方式发起，瓦格纳的方案最终从37个参赛单位的作品中脱颖而出，赢得了竞赛。之后该方案经历了三次评审会议，且每次评审的参评人员都是不同的[①]。瓦格纳在平面布局中将储蓄业务和支票交易的大厅巧妙地结合在一起，大胆突破当时的功能规范，导致评审团的建筑师们提出了不少质疑之声。该方案在形式、材料和施工工艺上也都极具创新性，原方案设计了一个建在建筑中心部位的巨大玻璃屋顶，以保护其下面的大厅空间避免外部的打扰。后来因经费制约，该设计被双层玻璃屋顶所取代。但毫无疑问的是，瓦格纳的方案在某种意义上是最符合评审团要求的设计，在基于对现状的合理改造下，他是参赛者中唯一提交了使全方位的现代气息融入邮政银行的突破性设计方案的人[②]。

图3-19
新修道院40号公寓外观

图3-20
新修道院40号公寓立面

① SCHORSKE C E. Fin-de-siècle Vienna：politics and culture[M]. Vintage，2012：151.

② 程艳春.奥托·瓦格纳：维也纳邮政银行[J]. 城市环境设计，2011 (07)：266-269.

图3-21
奥地利邮政储蓄银行沿街主立面

建筑的整体外观十分清晰地反映了其内部组织，长方形的门窗间隔排列有序，暗示了其内部功能（图3-22）。其因庞大的体量，成为地区标志性的银行建筑。建筑外立面底部的石材采用有节奏的凹凸变化手法，在强调重量感的同时，凸出部分还降低了材料厚度和接缝渗水的可能性。主体外墙的花岗石和大理石的贴面采用点缀的装饰手法处理，并运用了大量的装饰性排布的铸铝铆钉来进行锚固，这是瓦格纳的惯用手法，具有传统与现代结合的对立美感（图3-23）。

在这个建筑上，瓦格纳充分展现了他的现代设计理念和个人才华。走近建筑，入口的雨篷由新兴铝材和熔融玻璃铸成，门厅中简洁宽敞的楼梯引导人们继续前往建筑主体。而之后的明亮大厅称得上是整个建筑最精彩的部分，天井被两层玻璃顶覆盖，透射下的光线优雅而柔和，映射在办公区的反光多面玻璃和洁净的地砖面上显得异常圣洁，这种极其细腻而新颖的材料质感，使得这座建筑一度成为德语区人们心目中发光实体的隐喻[①]。大厅内依旧可见瓦格纳标志性的设计细节，包括边缘黑色的装饰性线条、简明的方形洞口、优雅柔滑的铁构部件等（图3-24）。

奥地利邮政储蓄银行，大厅

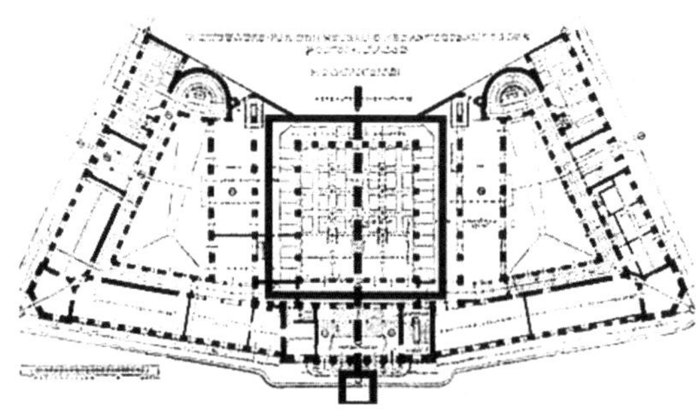

奥地利邮政储蓄银行，平面图

对称轴线　主要入口　大厅位置

银行大厅顶棚

图3-22
奥地利邮政储蓄银行平面、剖面图及大厅分析

① 阿森修.瓦格纳与克里姆特[M].王伟，译.西安：陕西师范大学出版社，2004：42.

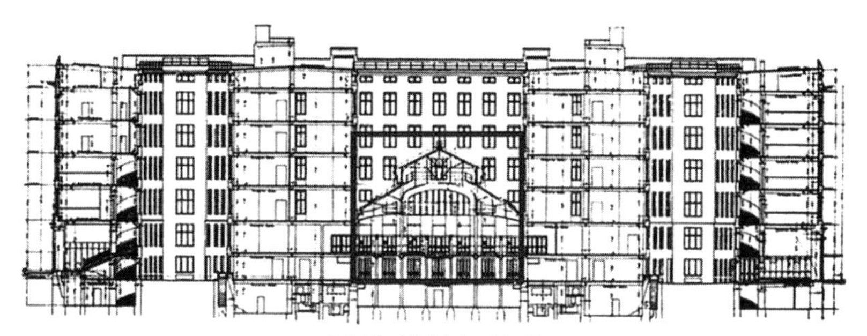

奥地利邮政储蓄银行，剖面图

图3-22

奥地利邮政储蓄银行平面、剖面图及大厅分析（续）

图3-23

奥地利邮政储蓄银行，外立面、外墙石板

图3-24

奥地利邮政储蓄银行大厅内部

此外，瓦格纳还设计了建筑全部的内饰，包括地面、地毯、钟表、散热器、灯具、门把手以及成套的家具等，室内设计延续了简约的风格，工艺上也节约了建造成本，体现了瓦格纳“不实用的就不美”的建筑观点（图3-25、图3-26）。由此可见，奥地利邮政储蓄银行是瓦格纳在迈向现代化的建筑实践探索中的惊鸿一笔，是现代建筑史上具有划时代意义的里程碑式杰作。

图3-25

奥地利邮政储蓄银行室内

图3-26

奥地利邮政储蓄银行，内部家具

4）从中年到晚年：两个瓦格纳别墅

瓦格纳的第一个别墅建筑（Wanger's Villas 1，1886—1888）（图3-27）完成于1888年。瓦格纳第二次婚姻后将其建成，从1895年起，瓦格纳家族就将它作为夏季住所，居住在这座房子里。孩子们长大之后，逐渐搬离，瓦格纳便在1911年将这座房子卖给了奥地利的知名戏剧导演本·蒂伯。后来别墅的主人几经更替，最终于1972年由奥地利画家恩斯特·富克斯买下，并重新进行了装修与改造，建立了他的个人工作室，这栋拥有百年历史的别墅也因此在色彩风格上变得更加明亮华丽。而这栋住宅在恩斯特·富克斯去世后，成为他的私人博物馆，室内展示着很多画作、雕塑、手工艺品等珍贵藏品。

这是一座具有古典主义风格倾向的乡村别墅。建筑主立面正对街道，由序列感强烈的阶梯引入建筑的主入口，整个建筑在垂直街道的这一条轴线序列上呈现出高度的对称性。别墅由一个中间为主体、两侧为画廊的对称组合构成，主入口采用了多立克柱式的门廊，侧厅外立面门窗之间也用多立克柱式装点，体现出这一时期瓦格纳在建筑设计中仍对古典主义风格情有独钟（图3-28、图3-29）。

图3-27
瓦格纳别墅之一，沿街主立面

图3-28
瓦格纳别墅之一，画廊室内（一）

图3-29
瓦格纳别墅之一，画廊室内（二）

尽管整个建筑在风格上依循了古典主义形制，但还是可以发现瓦格纳的新尝试及其受到分离派艺术运动影响的影子。比如入口楼梯使用的铁制栏杆，还有在墙面和构件上装点的一些取材于绘画或自然题材的装饰物，以分离派所推崇的平面抽象形式呈现出来。画廊两侧的彩绘玻璃窗，是由同属分离派创始成员的维也纳艺术家阿道夫·伯姆设计，采用19世纪所流行的蒂芙尼玻璃[①]制造工艺，在光线的穿透下通透绚烂，将室内神秘而瑰丽的古典气质愈发烘托出来[②]（图3-30～图3-32）。

图3-30
瓦格纳别墅之一，主入口顶棚

图3-31
瓦格纳别墅之一，画廊外立面

① 蒂芙尼玻璃是指1878—1933年在纽约蒂芙尼工作室开发和生产的一种玻璃制作工艺。

② DEHIO Handbook. Wien. X.-XIX. und XXI.-XXIII. Bezirk：3[M]. Berger & Sohne，Ferdinand，1996：89.

图3-32
瓦格纳别墅之一，画廊彩绘玻璃

1912年，瓦格纳在第一栋别墅附近又建造了第二栋别墅（Wanger’s Villas 2，1912—1913）（图3-33、图3-34）。这栋相对较小的别墅在设计开始一年后竣工，是瓦格纳为他年轻的妻子特意设计的。相比第一栋别墅，这座别墅展现了更多的突破与创新。别墅的入口与门廊在主立面的右侧，放弃了瓦格纳一贯遵从的古典形制中的对称原则。在空间格局上遵循功能需求，有着明晰的轴线动向，呈现了不对称的平面布局。瓦格纳大量运用蓝色和白色彩釉砖，在室内设计中采用自由的穹顶和简洁的几何装饰，并着重设计了餐厅顶棚布满金色星辰的蓝色吊顶。这片壁画的灵感来自意大利拉文纳的加拉·普拉奇迪亚陵墓室内的一幅美丽的拜占庭风格的宗教壁画（图3-35），彰显了一丝对古典情怀的留念。另外，瓦格纳也十分重视入口的设计，邀请了同属分离派艺术家的科洛·莫泽尔，来设计入口处的饰面装饰，玻璃上的马赛克隐喻了一个希腊神话场景①。

瓦格纳的这两栋别墅相邻而建，但建造时间相隔大约15年。从两者对比中，可以清晰地发现瓦格纳从中年到晚年建筑思想的转变。这些转变在这两栋建筑的平面和立面构图中也可轻易窥见。从对称庄重的古典秩序到更加自由、注重内在功能的平面和立面的变换（图3-36）。

事实上，第二栋别墅已经是瓦格纳临近去世前的作品，也是他生命里最后的居所。回看这两个作品，在第一个作品建造时期（1886年），他还主要以古典主义建筑师的身份进行建筑实践；而在第二栋完成时（1913年），他已历经执教维也纳美术学院，出版《现代建筑》，提出建筑理论宣言，加入分离派运动，等等，也已经完成了本章节上述众多突破性的建筑实践作品。这栋住宅无疑更贴近维也纳分离派的风格，也更能够代表他所倡导的简洁实用的现代建筑理念。但无论哪一栋别墅，都可以找寻到瓦格纳隐藏在建筑的点滴细节之中的、始终无法抹去的那一丝古典情怀。也许这是瓦格纳为古典主义在这个时代的存留做出的最后一次妥协，又或许是对引领他进入建筑事业的古典主义表达的最后一份敬意。

① 王晶. 奥托·瓦格纳[M]. 北京：中国电力出版社，2007.

图3-33
瓦格纳别墅之二，入口

图3-34
瓦格纳别墅之二，外观

图3-35
加拉·普拉奇迪亚陵墓中的壁画

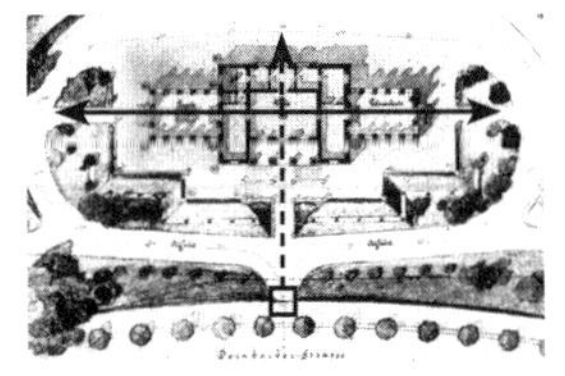

瓦格纳别墅之一，平面图

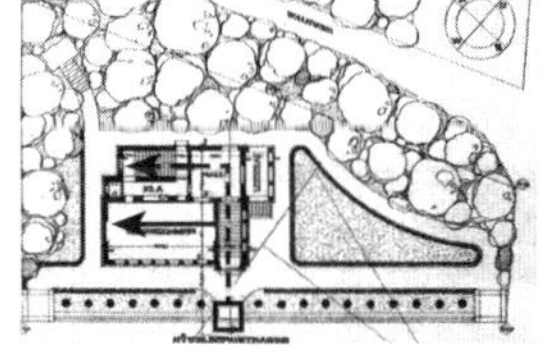

瓦格纳别墅之二，平面图

主要流线　主要入口

瓦格纳别墅之一，正立面图
完成时间：1888年

瓦格纳别墅之二，正立面图
完成时间：1913年

图3-36
两栋别墅对比，平面图及立面图

3

维也纳的先锋号角：瓦格纳的建筑思想

从前述作品中可以看到，瓦格纳的作品不仅限于建筑实践，还涵盖了从城市规划到家具设计的广泛领域。1895年出版的《现代建筑》一书集中地反映了他的思想和主张，可以简单归纳为以下几点：一是讲究城市与建筑的整体统一性。瓦格纳认为，建筑的实用功能性与艺术观赏性应当深刻融入人们的日常生活，尤其是在城市建设方面应发挥积极的作用，与社会生活相融合，城市与建筑群面貌统一和谐①。二是强调建筑功能的实用性和装饰的合理性。他认为："现代建筑的核心是交通或者交流系统的设计，因为建筑是人类居住、工作和沟通的场所，而不仅仅是一个空洞的环绕空间。建筑应该以这种交流、沟通、交通为中心设计考虑，以促进交流、提供方便的功能为目的，装饰也应该为此服务。"②在建筑设计中，不仅应注意建筑本身的功能合理性，也应体现出建筑对城市生活的积极促进作用。三是积极采用新技术和新材料。瓦格纳是19世纪末欧洲在建筑材料使用上坚持创新的建筑师之一。他认为："新结构和新材料必然导致新的设计形式的出现，继续盲目沿用复古样式是极其荒谬的做法，设计是为现代人服务，而不是为古典复兴而产生的。"③因而在他的作品中经常可以看到不同新材料和新技术的运用，加强了建筑本身的功能实用性，使得建筑更好地服务于现代生活。

谈论到奥地利乃至西方建筑史，奥托·瓦格纳这个名字都无法被轻易地掠过。他同时拥有着多重身份，作为维也纳学派的创立者和理论家，他出版的《现代建筑》，被视为当时欧洲建筑学的基准点；他提出将新技术、新材料与功能实用性结合，强调简洁装饰的

① 康立超，栾丽. 现代建筑设计楷模奥托·瓦格纳[J]. 美术大观，2009 (5)：54-55.

② WAGNER O. Modern architecture：a guidebook for his students to this field of art[M]. Getty center for the history of art and the humanities，1988：24.

③ 同②。

先锋设计思想；他认为未来建筑“像在古代流行的横线条，平如桌面的屋顶，极为简洁而有力的结构和材料”，这类观点和后来以包豪斯为代表的现代主义建筑观点非常接近①。另外，作为一位影响深远的教育家，瓦格纳在维也纳美术学院担任教授期间，强烈影响和积极培育了一大批优秀的学生，与瓦格纳一同形成了以他为核心人物的维也纳学派，其中很多人成为维也纳分离派的创始成员。瓦格纳的深远影响，直接为分离派的建立提供了坚实的基础，这也使得他成为分离派思想主张上的重要领航者。同时，作为一位建筑师、城市规划师，瓦格纳从建筑理论到建造实践，一直在探索中前行。青年时期的他在维也纳造型艺术学院求学，接受的是传统建筑设计训练，在19世纪末新艺术思潮的影响下，他开始寻求转变风格，在传统之上有所扬弃。他主张在建筑形式上对新材料、新结构做逻辑性表述，建筑空间上对实用功能做合理性追求，建筑风格上讲究与城市整体和谐，并在作品中彰显出古典美和现代美的平衡、较量与交融。

瓦格纳设计的建筑作品遍及维也纳，深入改变了这座城市的文化气息，塑造了古典与现代感交织的新都市面貌。他的作品也代表了20世纪早期世界设计主导的新趋势，正如他的学生鲁道夫·辛德勒所述：“现代建筑的源头，可以追溯到查尔斯·雷尼·麦金托什在苏格兰，奥托·瓦格纳在维也纳，路易斯·沙利文在芝加哥。”②也许，瓦格纳始终没有完全抛舍古典主义，更多的是在传统的基础上融入现代的元素，结合调整现有的建筑形式和空间，通过新技术、新材料让建筑顺应社会的新需求。可以说，瓦格纳既是古典主义的忠实践行者，也是现代主义的积极探索者，他的古典性没有时间限制。从古典主义迈向现代主义，他是最重要的具有连续性语言的实践者之一，他的作品支撑着19世纪末中欧地区建筑理论的艰涩步伐。他引领新时代的建筑思潮，持续影响着整个中东欧地区。在迈向现代化的历史进程中，展现了广泛的号召力与传播力，在欧洲乃至全球范围内吹响了“为时代的艺术”这一分离派运动的先锋号角。

① 康立超，栾丽. 现代建筑设计楷模奥托·瓦格纳[J]. 美术大观，2009 (5)：54-55.

② SARNITZ A. Otto Wagner：forerunner of modern architecture[M].Taschen，2005.

第四章

分离派运动中的其他建筑师

CHAPTER FOUR
OTHER ARCHITECTS IN THE VIENNA SECESSION MOVEMENT

作为分离派艺术风格团体的重要发源地和主要活动地，奥地利当时是欧洲文化的交流圣地和现代文明的聚集之所，除了上节所述的分离派建筑先驱奥托·瓦格纳之外，同时期还涌现了很多才华横溢的分离派建筑师。他们中不少人是瓦格纳在维也纳美术学院任教时的学生，或者是其工作室的后辈。他们受到过瓦格纳建筑思想的影响，沿袭和继承了分离派的艺术主张，并发展出新的观点，在建筑设计领域积极地进行现代化建筑实践探索。

1

跨国界的艺术视野：约瑟夫·奥布里希

约瑟夫·奥布里希是19世纪末、20世纪初奥地利最重要的建筑师之一（图4-1）。奥布里希出生于奥地利的奥帕瓦，受到作为砖石工匠的父亲的影响，他很早就对建筑结构产生了兴趣，先后就读于维也纳应用美术学院和维也纳美术学院，并成为瓦格纳的得意门生之一。受到瓦格纳维也纳学派“净化”建筑主张的影响，并结合自己对建筑、结构与装饰的理解，奥布里希和其他包括克里姆特、霍夫曼在内的几位艺术家一起，于1897年成立了维也纳分离派，意欲创造出能够符合工业时代精神的反抗僵化的艺术。

在维也纳美术学院就读期间，他深受瓦格纳的影响并在其工作室参与了可能包括卡尔广场地铁站细部结构设计在内的众多项目。除了活跃于维也纳分离派以外，奥布里希还与同样处于新艺术运动时期在德国兴起的“德国青年风格派”有着密切的交流，从他的作品中偏向直线和几何矩形的装饰设计上不难看出德国青年风格派给

图4-1
约瑟夫·奥布里希，1867—1908年

他带来的影响。

由于1899年在德国达姆施塔特设计建造的一系列艺术家工作室、展览中心、多层婚礼塔等作品获得了一致认可，奥布里希于1900年获得了德国黑森州的公民身份并接受黑森公爵欧内斯特·路易斯的邀请成为建筑学教授。因此，奥布里希的建筑风格很大程度也受到了德国达姆施塔特建筑地域性和德国民族特性的影响。

奥布里希在艺术创作上具备的跨国界的视野，对于他将自己的美学思想和建筑作品的影响力国际化有着重大的意义。但令人惋惜的是，奥布里希因患白血病英年早逝，留下的建筑作品屈指可数，其中还有部分毁于第二次世界大战。不可否认的是，他的作品作为维也纳分离派的"标志"，宣扬了分离派的主张，在推动奥地利新艺术运动的进程中起到了重要的作用。

1897年维也纳分离派成立时，由克里姆特任主席，而奥布里希则亲自动手设计了标志着分离派设计思想的展览馆，也就是如今位于维也纳的分离派会馆（图4-2）。

分离派会馆外部最具标志性的部分是顶部的金属圆顶。该圆球状屋顶由新艺术运动典型的镂空花形装饰包裹，与以石材为主要材料的建筑主体部分形成了鲜明的对比。呼应分离派主张之一的"简明装饰、几何构图"，该建筑立面采用了光洁的大片墙体，点缀以直线装饰和简洁的金色壁饰。立面饰有代表智慧的猫头鹰像和美杜莎头像，并刻有分离派宣言："为时代的艺术，为艺术的自由"（图4-3）。会馆内部由教堂式的入口大厅和工业建筑样式的展览空间组成（图4-4）。1898—1905年间，该展馆共举办了23场展览，向公众展示了包括法国印象派、象征主义，英国工艺美术运动，日本浮世绘艺术在内的众多国际新艺术运动分支的艺术作品。

分离派会馆的建成在一定程度上增加了维也纳分离派的名声和影响力，也迅速地为奥布里希本人带来褒贬不一的评价和相当多的设计委托。从1898—1900年短短的两年间，奥布里希已然被认为是维也纳分离派中最具天赋和设计才华的建筑师之一。

1903年，霍夫曼和莫泽尔等人创立了维也纳制造联盟，致力于

图4-2
分离派会馆

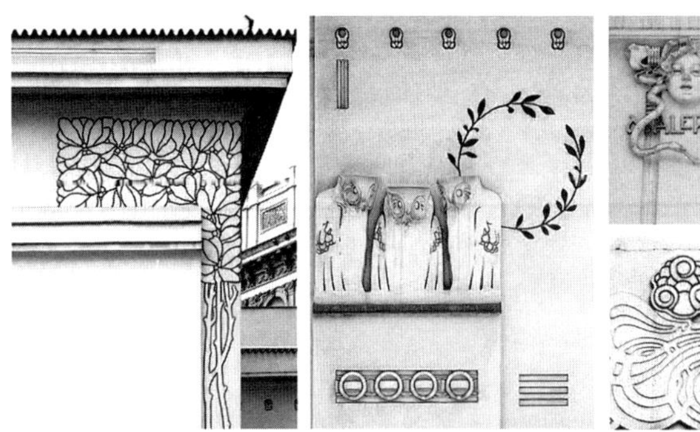
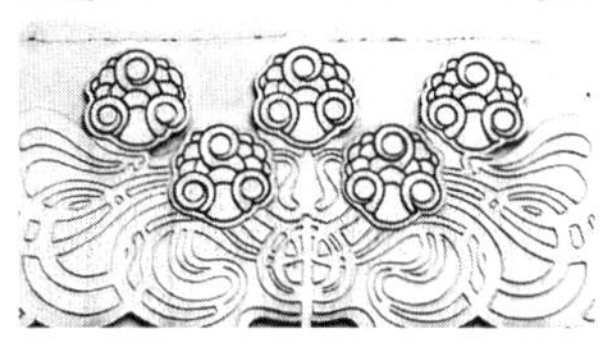

图4-3
分离派会馆建筑细节

室内装饰设计。受到该工作坊的影响，奥布里希也开始尝试设计各种形式的应用美术作品，包括制作陶瓷器皿、乐器，装帧书籍，设计家具等。此时，奥布里希已多次接受德国达姆施塔特公爵的建筑设计委托并深受德国艺术的影响。1904年，他的许多应用美术作品代表德国参加美国密苏里州圣路易斯世界博览会的工艺美术展。

柏林建筑师莱奥·纳赫里希将此次世界博览会中的德国展览称为有史以来德国工艺美术展最大、最优秀的一次，它向美国展示了过去的10年里如雨后春笋般涌现的德式艺术佳品①（图4-5）。

除了带来优秀的工艺美术作品以外，奥布里希还指导设计了作为德国黑森州展馆西南入口的别墅。该别墅开创性地设计了室内庭院，因其恰到好处的不张扬的德式青年风格派美学、精致的室内设计、生活环境与自然环境巧妙的整合而被德国和美国评论家高度赞扬。虽然此前已经有相当数量的德国装饰艺术的创新作品以黑白照片的形式在美国的报纸杂志上发表，但圣路易斯世界博览会则是将德式青年风格派的优秀作品真实地展示在世人面前。艺术史学家贝恩德·克里梅尔这样评价奥布里希的别墅作品："它展示了一种从拥有自己的花园开始的独居生活方式，植物、阳光同样能够被融入为室内空间的一部分，是一种全新的能让人们认识自我的空间形式。"②

1903年，奥布里希为该博览会准备的过程中，瓦格纳就曾指出奥布里希的风格已从拥有华丽的花形装饰的分离派风格转变为一种更加清晰、冷静的美学风格。在博览会中，奥布里希所展示出的纯

① NACHTLICHT L. Descriptive catalog of the german arts and crafts at the universal exposition. St. Louis：Imperial German Commission，1904.

② KRIMMEL B. In the matter of J.M. Olbrich[M]//OLBRICH JM. Architecture: complete reprint of the original plates of 1901-1914.New York: Rizzoli,1988:11-16.

③ CHU P T-D, DIXON L S. Twenty-first-century perspectives on Nineteenth-century art[M]. Associated University Presse，2008:44.

④ POSTIGLIONE G. One hundred houses for one hundred European architects of the Twentieth century[M]. Taschen，2004:290.

⑤ 同③。

净的几何学和高度前现代主义风格正是从他在达姆施塔特设计时期开始逐步发展出来的。当时圣路易斯邮报对奥布里希的作品有着以下评论："如今美国的内部空间设计者都热议着奥布里希的住宅，该作品将给美国人的生活留下永恒影响与印记。"[3]其后不久，在现代主义大师弗兰克·劳埃特·赖特的推举下，奥布里希成为美国建筑师协会会员。

奥布里希的职业生涯短暂却极其灿烂，无论是他过人的才华，他对艺术的热情抑或是他为创造新型生活方式所做出的探索，都在历史中留下了不可磨灭的影响。分离派创立后，他迅速在欧洲大陆、英国和美国声名远播。1900年，他以达姆施塔特项目参加巴黎世界博览会；1902年，他代表数名室内设计家参加意大利都灵国际现代装饰艺术展览；1904年，他以夏日别墅作品参加美国圣路易斯世界博览会。奥布里希除了是维也纳分离派的创始者之一，他还同样是德国建筑师联合会（1903年）和德意志工艺联盟（1907年）的创始人之一[4]。

奥布里希的作品不限于表达流于表面的装饰，而是一种深层次的，由众多新艺术运动艺术家为之实践的理论原则的体现[5]。新艺术运动在建筑中的改革多局限于艺术形式与装饰手法，而奥布里希的成功之处在于，他突破了新艺术运动时期建筑的局限，巧妙地将建筑外观与空间、功能结合在一起。简化形式，并结合精巧的手工艺和装饰材料，将艺术和自然融入日常生活，奥布里希作品的意义不仅在于其寄托的意识形态和理论基础，更重要的是其广泛的国际影响力，有力地推动了现代主义运动的发展。

图4-4
分离派会馆室内主展厅

图4-5
奥布里希设计的花瓶和黄油盘

在现代建筑的历史中，在向美学的迈进中，霍夫曼教授占据了一个耀眼的位置。

——柯布西耶，1929年[①]

2

先锋开路人：约瑟夫·霍夫曼

约瑟夫·霍夫曼（图4-6），出生于摩拉维亚地区。他于1887年在布尔诺国立高级商业和技术学校的建筑系进修，1892年被维也纳美术学院录取，师从瓦格纳，并成了他的得意门生。霍夫曼深受哈森内尔和瓦格纳的影响，尤其是瓦格纳所倡导的功能倾向的反学院思潮和符合工业时代的现代建筑运动。1897年，霍夫曼和包括克里姆特、奥布里希在内的其他几位艺术家一同成为维也纳分离派的创始人，并于1899年被任命为维也纳应用艺术学院的教授。

图4-6
约瑟夫·霍夫曼，1870—1956年

1900年霍夫曼访问英国并遇到了麦金托什。霍夫曼的早期作品被纳入新艺术风格，后因麦金托什的影响，逐渐转变为并置的几何形状、直线条和黑白对比色调，并发展成方格网的形式，形成了自己独特的设计风格，被人们称为“方格霍夫曼（Square Hoffmann）”。1903年霍夫曼与科洛·莫泽尔一起成立了维也纳制造联盟，以威廉·莫里斯的思想为基础，结合艺术与技术进行机械生产，得到了麦金托什的指导。因为与现实主义者在艺术视野和对整体的看法产生了分歧，他在1905年与部分艺术家一起离开了分离派[②]。

虽然霍夫曼受到新艺术运动的影响较大，但他比瓦格纳更倾向于现代派。在不断的探索中，霍夫曼的风格变得更加清晰，所用的设计语汇更加抽象，而且紧紧围绕功能结构，装饰的简洁性十分突

① 塞克勒，徐菁. 约瑟夫·霍夫曼的斯托克莱府邸[J]. 时代建筑，2009（03）：100-111.

② Vienna Secession history by Senses-ArtNouveau.com

③ FRAMPTON K. Towards a critical regionalism：six points for an architecture of resistance[M]. Thames & Hudson.

④ 同①。

⑤ LEVETUS A S. Das Stoclethauszu Brüssel von Architekt Josef Hoffmann[J]. Moderne Bauformen, 1914 (1).

出。1903年，霍夫曼在维也纳郊外修建了他的第一个伟大的作品，波克斯道夫疗养院（图4-7）。与莫泽尔住宅相比，它的屋顶采用了当地的形式，使用了容易生锈的金属材料，这是远离传统风格和历史主义并迈向抽象化的重要的一步。这个项目为20世纪上半叶发展起来的现代建筑（例如早期的柯布西耶作品）提供了一个重要的先例和灵感[3]。

布鲁塞尔的斯托克雷府邸（图4-8、图4-9）也是他的代表性作品之一，建筑外表华美庄严，处理手法简洁，采用不对称的平面布局，建筑本身以及内部艺术装饰有机地融为一体。该建筑的每一个节点、每一处细节，都被仔细考虑设计过。在1901年的项目陈述中，霍夫曼写道："我认为目的性及对材料的处理在每一个设计中都是第一位。"[4]由于他偏爱方形和立方体，所以在他的许多室内设计如墙壁、隔板、窗户、地毯和家具中，物体被处理成岩石般的立体形态。"布鲁塞尔市的斯托克雷府邸在现代建筑史中具有划时代的意义"，评论家莱韦特斯于1914年写道[5]。波克斯道夫疗养院和斯托克雷府邸的设计，标志着霍夫曼通过在建筑中引进立方体、方形和明确定义的白色平面从而形成他个人最为先锋的设计手法。

图4-7
波克斯道夫疗养院

图4-8
斯托克雷府邸

斯托克雷府邸，俯拍图
完成时间：1905年

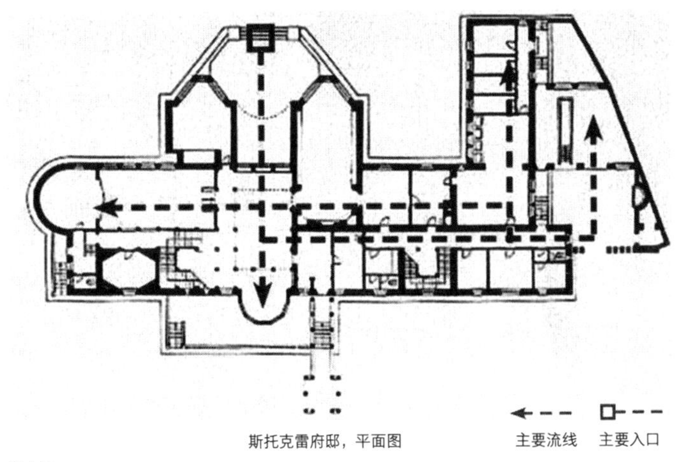

斯托克雷府邸，平面图

图4-9
斯托克雷府邸平面分析

此外，霍夫曼还进行了许多其他的建筑设计尝试，1914年在科隆举行的德意志制造联盟博览会和1934年的威尼斯博览会中的奥地利馆均由他设计。1924—1925年间，霍夫曼还为维也纳设计规划了许多居住区方案。

霍夫曼除了建筑师的身份以外，还是位出色的家具设计师，且被广泛誉为早期现代主义家具设计的开路人。他主张抛弃当时欧洲大陆极为流行的装饰意味很浓的新艺术风格，因而他所设计的家具往往具有超前的现代感。霍夫曼的家具设计代表作品是他为波克斯道夫疗养院设计的“座椅”(适于坐的机器)(图4-10)。这种“座椅”是在莫里斯公司制造的莫里斯椅的基础上加工制成的。以木球为特色的椅子有一个可调式椅背，霍夫曼突破了传统英式椅子的单调，创造出一种新的几何构图手法。这把椅子集中表现了他生活的那个时代的精神是机械的、现代的和运动的，霍夫曼的这个“坐的机器”也因此被赋予了独特的时代精神与意义。

第一次世界大战后，霍夫曼的设计风格转向了新古典、新洛可可风格。也许是受维也纳休闲和安逸的生活所影响，这一时期他的作品与他早期的正方形形式不相一致，从早期的简洁风格转向了繁复装饰，后来演变为折中主义。他于19世纪20年代设计的装饰性作品被斥为“颓废”，维也纳制造联盟也于1933年解散。尽管如此，霍夫曼在这场运动中的地位是无法撼动的，他一生在建筑设计、家具设计和室内设计等方面都有着巨大的成就，为机械化大生产与优秀设计的结合做出了巨大的贡献，被推崇为当时最重要的现代建筑先驱之一。

图4-10
可调节座椅（适于坐的机器）

3 同时期的分离派建筑师

瓦格纳的学子中人才辈出，除了上述的奥布里希和霍夫曼之外，还有艺术家科洛·莫泽尔、雕塑家奥特马·辛科维兹，建筑规划师马克斯·法比亚尼、鲁道夫·佩科、卡尔·恩等，他们也是维也纳分离派艺术团体的重要成员，亦或是创始成员。

在维也纳分离派建筑师的很多实践作品中，经常可以看到同属分离派其他艺术家的合作设计参与。艺术家科洛·莫泽尔1868年出生于维也纳，是维也纳分离派和维也纳制造联盟的主要创始人之一。他在平面艺术设计领域极具天赋，并对20世纪该领域的发展有相当大的影响。莫泽尔在建筑、家具、珠宝、平面图形等设计领域中，擅长运用古希腊、罗马的艺术主题，结合分离派设计所倡导的简洁线条，刻画具有时代特征的设计作品，也回应了他所处的世纪之交时期维也纳城市环境中的巴洛克颓废[①]。在1901年，他出版了名为"源"(*Die Quelle*)(图4-11)的优质图形设计系列，包括挂毯、面料和壁纸。在1903年，莫泽尔与他的同事霍夫曼一同创立了维也纳制造联盟，他们的工作室和工匠们制作设计了许多兼具功能性与美学的家具用品，包括玻璃器皿、餐具、银器、地毯和纺织品等[②]。另外，莫泽尔还是奥地利著名艺术杂志《神圣之春》(图4-12)的设计师之一。该艺术杂志十分注重版面设计，也同时作为宣传分离派和新艺术运动设计作品的重要媒介。莫泽尔作为杂志的主要编排设计师和撰写人，经常为杂志设计封面，以及在刊物内发布设计作品。

在奥托·瓦格纳的很多建筑中，都能看到莫泽尔合作参与的设计作品。包括马略卡尔住宅公寓和林克芬莱街38号公寓的建筑立面及外立面雕饰、斯坦赫夫教堂的玻璃彩绘、瓦格纳别墅的入口装饰等。同时，分离派成员、雕塑家奥特马·辛科维兹也为瓦格纳的这

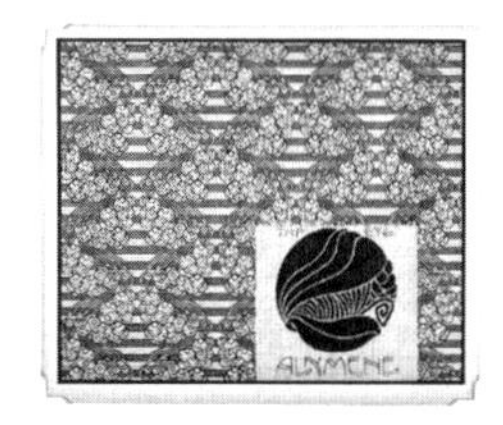

图4-11
"源"系列作品中的壁纸

图4-12
《神圣之春》杂志的封面

① MOSER K. Turn-of-the-century Viennese patterns and designs[M]. Courier Corporation, 2013.

② FENZ W. Koloman Moser[M]. Salzburg: Residenz Verlag, 1984.

③ HRAUSKY A. Janez Koželj: Maks Fabiani: Dunaj, Ljubljana, Mladina, 2010.

些建筑设计了各式各样工艺精美的雕塑作品（图4-13、图4-14）。

建筑师马克斯·法比亚尼1865年出生于斯洛文尼亚的一个富裕家庭，从小在三国语言（斯洛文尼亚语、意大利语、德语）的环境中长大。1889年他在维也纳科技大学以优秀的成绩完成了建筑设计学业，并加入了瓦格纳在维也纳的建筑工作室，一直待到了19世纪末，深受新艺术和维也纳分离派运动思想的启发。在此期间，他不仅把兴趣和精力集中在建筑设计上，还投入在城镇规划上。他所做的第一个大型设计项目是卢布尔雅那的城市规划。在1895年4月，卢布尔雅那市经历了地震，遭受到了较为严重的破坏，城市需要重新规划整治。法比亚尼在这次规划竞赛中打败了众多经验丰富的建筑师，被卢布尔雅那市议会选为主要的城市规划师。而这一工作也让他在斯洛文尼亚赢得了较好的声誉，并在市内主持设计了一些重要的建筑物，例如市中心的外交部大楼（图4-15）。他也被视为最早将分离派和新艺术运动思想带到斯洛文尼亚的先锋建筑师之一[③]。

在1910年完成的乌拉尼亚天文台（图4-16）是法比亚尼的知名建筑作品，同时也是受到新艺术运动和分离派运动影响下的经典建

图4-13

莫泽尔在瓦格纳建筑作品中的设计

图4-14

辛科维兹在瓦格纳建筑作品中的雕塑设计

图4-15
外交部大楼

图4-16
乌拉尼亚天文台

筑作品。该建筑是奥地利维也纳市的天文观测台和公共教育机构。这栋大楼注重建筑功能性，运用几何元素组成建筑平面，建筑立面既古典庄重又相对简洁。对比瓦格纳的马略卡尔住宅立面可以看到，两栋房子立面边角均用石砖包裹，采用简洁金属方形窗户为建筑采光，且都在沿街面底层对城市空间做出了相应的回应（图4-17）。

此外，同时期中欧地区很多青年建筑师也深受瓦格纳的影响，包括约瑟普·普雷其尼克、扬·科特拉、阿道夫·路斯等，虽然他们没有直接加入维也纳分离派艺术团体或参与分离派的建筑运动，但他们将接受到的新建筑思想传播到了奥地利之外的其他中东欧国家，并产生了深远的影响。

马略尔卡住宅，瓦格纳

乌拉尼亚天文台，法比亚尼

图4-17
马略卡尔住宅与乌拉尼亚天文台沿街立面对比分析

第三部分

传承与变革：维也纳分离派建筑在中东欧地区的影响

III HERITAGE AND CHANGE:
THE IMPACT OF VIENNA SECESSION ARCHITECTURE IN CENTRAL AND EASTERN EUROPE

第五章

卢布尔雅那现代主义建筑的萌芽

CHAPTER FIVES
THE SPROUT OF
MODERNIST ARCHITECTURE IN LJUBLJANA

092 ~ 126

位于东欧的斯洛文尼亚西接意大利、东接匈牙利，北面是奥地利，南面与克罗地亚接壤，历史上处于两大文化和政治区域——意大利和奥地利之间。自1816年起，斯洛文尼亚成为奥匈帝国领土的一部分，受地缘文化的影响，该地区散布着文艺复兴风格、巴洛克风格以及新古典主义风格的古老建筑。1918年，随着第一次世界大战落下帷幕，奥匈帝国解体，斯洛文尼亚加入塞尔维亚—克罗地亚—斯洛文尼亚王国，即1929年更名的南斯拉夫王国。第二次世界大战后，其又以加盟共和国的身份重归南斯拉夫。1991年，斯洛文尼亚宣布独立，首都为卢布尔雅那。其间，由于战后重建受到新艺术运动影响，形成了与早期巴洛克建筑对话的城市形象。如今的卢布尔雅那，是斯洛文尼亚历史最悠久、规模最大也是最重要的城市，其城市与建筑的发展主要基于1921年前后开始的一次大型城市规划与重建活动，主持重建工作并赋予这座城市古典气质与现代主义形象的关键人物之一便是瓦格纳的弟子约瑟普·普雷其尼克。

1

分离派的现代化启蒙：普雷其尼克之于维也纳

约瑟普·普雷其尼克（图5-1）1872年出生于奥匈帝国莱巴赫（现卢布尔雅那）。出身寒素，自幼随父亲学习木匠之术，1888年进入奥地利格拉茨艺术与工艺学院深入系统地学习建造与木工。毕业后在奥匈帝国都城维也纳为富户人家设计家具，这个工作为他建立起一定的人际关系基础并积累了实践经验。1894年，在维也纳国际艺术展览会上，普雷其尼克被瓦格纳的设计草稿深深触动，从未

图5-1
约瑟普·普雷其尼克，
1872—1957年

接受过建筑学教育抑或系统的艺术学习的他毅然向维也纳美术学院的教授奥托·瓦格纳毛遂自荐。普雷其尼克的制图技巧深受瓦格纳赏识，在瓦格纳个人工作室实习一年之后，终被收为门徒并潜心钻研建筑。

在维也纳美术学院和奥托·瓦格纳工作室的学习和工作是普雷其尼克职业生涯的第一个时期。当时一门新兴的建筑艺术流派——分离派正在维也纳萌芽诞生。其老师瓦格纳在创作实践中主要受到德国建筑师戈特弗里德·森佩尔的理论影响。"面饰"是其理论中的重要主题，"穿衣"隐喻了人体和建筑的外在形象具有同等重要的地位[①]。所有的建筑装饰均由古代工艺品演化而来，如果建筑师想要在新的建筑语境下正确使用某种古老形制，并使之符合现代功能，那么他首先要了解这种形制的起源，及其从一种文明或文化氛围传入另一种文明或文化氛围时经历的变化，换言之，要了解其原始装饰的原始功能。瓦格纳正是倾向这一思想理论，在教学中强化训练学生对材质和形式之间的相互依存关系的感悟[②]。

普雷其尼克在学生时期便崭露头角，凭借其出色的领悟能力和优秀的制图技巧成为专业学生中的佼佼者，并在毕业设计竞赛时为自己赢得了城市旅行奖学金。

在1894—1897年间，普雷其尼克在维也纳追随瓦格纳学习，并在其工作室进行建筑创作。期间受瓦格纳反对历史样式主张的影响，设计风格强调建筑功能与结构、材料的清晰表达，并注重功能的实用性与建筑材料的创新运用，摒弃传统中不必要的装饰，提倡简洁。但他也批判地学习老师，试图在实践中寻求突破。普雷其尼克在维也纳期间的建筑工作也被认为对欧洲现代建筑学基础的意义重大。特别是他在工作期间绘制的设计草图，部分得以建设实现，而另一部分则完全出于概念和想象力，使分离派的特征拥有富于戏剧性的表现力。他出色的概念方案和建成作品，使他成为当时维也纳最好的设计师之一。

1898—1899年，普雷其尼克游学于意大利、法国、德国和比利时，在罗马独自钻研学习罗马建筑长达4个月。这段时间带给他直

① 莱瑟巴罗.戈特弗里德·森佩尔：建筑，文本，织物[J].史永高，译.时代建筑，2010 (2)：124-127.

② PRELOVŠEK, D. Josef Plecnik: 1872-1957, architectura perennis. Aus dem Slowenischen von Dorothea Apovnik. Salzburg und Wein: Residenz Verlag, 1992.

接面对古典建筑的生动体验，也成为他研究古典建筑的重要时期，为他寻找和确立个人风格打下了基础。1899年夏末，普雷其尼克返回瓦格纳工作室，协助瓦格纳完成了维也纳地铁车站项目。1900年夏天，他成为一名自由职业的建筑师。

1901—1909年期间，分离派建筑盛极一时，普雷其尼克不得不将其古典体验暂时封藏。他加入了维也纳分离派，多次参与其展示活动。当时分离派展厅设在纳绪市场，这里是新思维、新理念的集散地，其中的活动在很多方面决定了维也纳现代建筑的走向，同时也展示了当年高超的创意和即兴创作能力。因而，参加分离派的展示活动可谓一举成名的捷径。普雷其尼克在展示设计方面独具一格，凭借森佩尔的理论指导，他从古代手工艺品中汲取灵感，运用各种材质元素设计的作品，极大地吸引了观众的兴趣[①]。

1）师承与创新

普雷其尼克虽曾在维也纳参与纽曼百货公司的立面设计，但其平生第一个独立的建筑设计项目是为大建筑师卡尔·兰格[②]设计的兰格别墅（图5-2、图5-3）。接手设计时因别墅基础已经动工，并无太多自由发挥的余地。他修正了室内局部方案，并主要对建筑立面进行了创新设计。普雷其尼克没有采用分离派惯用的自然纹饰满覆平整立面的手法，也没有盲目模仿老师此时完全抛弃新艺术运动中自然主义风格曲线的尝试（如瓦格纳在设计维也纳新修道院40号公寓的点线构成），而是尝试在正立面上营造由轻质石膏与瓷砖镶嵌编制的立体“花毯”，再在其上点缀形状各异的窗洞，墙面整体呈现波浪状，结合立面上呈自然凹凸的玫瑰图案灰泥雕饰，建筑界面在街道上呈现清新自然之感。一层门窗在顺应立面整体动态波动的趋势下，以墙面的有机内凹处理，暗示了入口的位置；建筑不仅在维也纳分离派的装饰风格上进一步发展，也遵循了其功能实用性与呼应城市环境的主张。受瓦格纳影响的印记则主要表现在室内，兰格别墅的室内装修承袭了维也纳地铁车站项目中的手法与风格，如楼梯栏杆

① 普列洛夫谢克.约热·普列赤涅克：1825—1957. A+U，2011（04）：10.

② 卡尔·兰格（1903—1969年），奥地利建筑师，青年时期追随彼得·贝伦斯学习，中年后迁往澳大利亚昆士兰州进行建筑创作。

③ 同①，19页。

④ 同①，24页。

效仿瓦格纳装有金属网状的护板。普雷其尼克还尝试着将一些乡土民俗的元素融入设计方案中，以区分于大都市的建筑类型。整座建筑形式优雅，配合精心设计的立面，使观者兴致盎然。同时这座建筑也标志着普雷其尼克对维也纳装饰派建筑所做出的贡献③。

图5-2
兰格别墅（Villa Langer）

图5-3
兰格别墅灰泥雕饰

2）现代主义初探

如果说兰格别墅关注的是私人住宅的视觉艺术，那么作为维也纳社会福利住房的兰格公寓（图5-4），已显示出普雷其尼克对于现代建筑限定空间下公共空间形象营造的思考。在建筑立面上，高低错落的建筑体量通过在装饰元素上运用抽象的几何形式的线条和块面的手法加以统一，两向线条的交错初显现代主义建筑的力度与简约，并已非常近似于现代建筑风格化的设计理念。尤其是用玻璃地板转角阳台连接建筑不同立面的开创性手法，打破了瓦格纳各建筑立面独立处理的设计惯例，表明了他在构成理念上的创新，这也与勒·柯布西耶的“新建筑五项基本原则”中连续立面的内容不谋而合④。在建筑内部，普雷其尼克试图设置一处富于透明性和轻盈感的公共社交区域，旋转上升的楼梯间，借由轻盈通透的网格金属楼梯栏板围合限定，敞亮而朦胧的视线带来愉悦的行走体验，梯间中自然有机的植物石膏线脚既起到点缀装饰作用，也顺应旋转梯间上升的空间趋势。尽管如此，建筑突显的粗面材质壁柱（类似维也纳邮政储蓄银行外墙立面），以及室内的金属楼梯栏板仍蕴藏着老师瓦格纳的手法样式，在普雷其尼克所设计的水磨石地面上，同样呈现了依据戈特弗里德·森佩尔的"饰面"理论指导下的"地毯"功能和效果。在兰格公寓中既体现出普雷其尼克对于现代主义建筑功能特征的隐喻，又展现出他对分离派手法娴熟的运用，是师承传统与思考现代的融合之作（图5-5、图5-6）。

图5-4
兰格公寓

图5-5
兰格公寓立面细部

图5-6
兰格公寓檐口细部

① 普列洛夫谢克．约热·普列赤涅克：1825—1957. A+U，2011（04）：34.

② 弗朗茨·梅茨纳，德国雕塑家，其雕塑作品多融合于新艺术运动和维也纳分离派的公共建筑。

3）立体主义先锋

由于新颖的设计手法，普雷其尼克常被邀请参加一些主要的建筑项目，随之也带来了极具挑战性的项目：他被委托设计地处维也纳中心城区的标志性建筑——察赫尔豪斯公寓（Zacherlhaus，1903—1905）（图5-7、图5-8）。立面处理手法类似之前的兰格公寓，普雷其尼克赋予整座建筑统一饰面，各立面的唯一区别在于窗户的排列间距各有不同①。整个立面竖向分三大段，分为底部商业空间立面，中部住宅立面及顶部檐口装饰。底部商业又以一层落地玻璃窗及二层“类条窗”暗示区分，整体展现出开放通透的设计意象；中部开放建筑装饰在匀质秩序中规则嵌入微微向外拱出的窗口，刻画了立面光影的细节。顶部处理细致，以同底部相同的深色石材及缩小的中部开窗进行收分，比例和谐，细分的窗间墙与雕像及出挑檐口结合，设计巧妙，表明了建筑师对构成比例的熟练掌控（图5-9）。外墙上的天使长迈克尔的形象是费迪南德·安德里的作品，而女像柱玛格丽特则是由弗朗茨·梅茨纳②制作的。

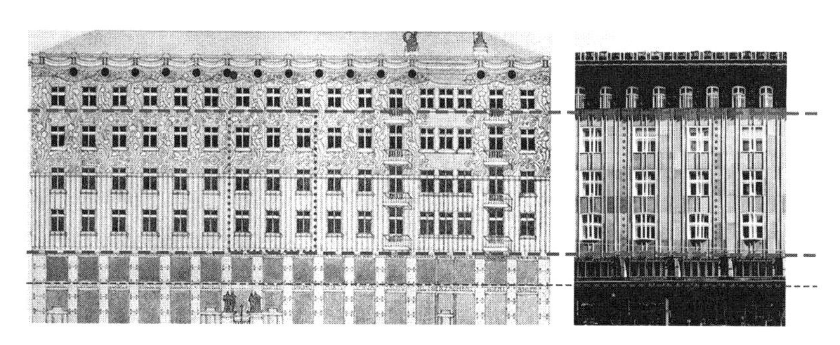

图5-7
察赫尔豪斯公寓原始立面设计图

图5-8
察赫尔豪斯公寓最终立面效果

图5-9
察赫尔豪斯公寓檐口

察赫尔豪斯公寓屋面与立面材质的处理凝重有力，细部装饰则使建筑充满了生命张力。值得关注的是，建筑在平面功能布局中将楼梯及其他辅助空间组合，并同主要功能平面分离布置，椭圆形的楼梯间初步显露出现代主义的功能与形式逻辑，更隐约含有服务与被服务空间秩序的寓意。在平面形式中，建筑同样追求在不规则基地中维持古典形式的对称法则，灵活处理建筑边缘体块的组合关系（图5-10）。普雷其尼克寻求运用基本几何形来简化建筑的装饰与表现，并依托新的钢筋混凝土结构技术的优势使得建筑简洁有力，具有符合时代特征的现代感。在察赫尔豪斯公寓的设计中，普雷其尼克不仅融合了分离派传统的功能取向与价值特征，也证明了个性化的外立面在艺术上可以作为建筑的独特部分，因此，普雷其尼克的建筑作品曾一度非常接近立体主义风格[1]。先锋派将其称为现代精神的胜利，“极端前卫和传统的融合”。普雷其尼克也因此被确立为新艺术运动和表现主义最重要的先锋（图5-11）。

① 普列洛夫谢克. 约热•普列赤涅克：1825—1957. A+U，2011（04）：34.

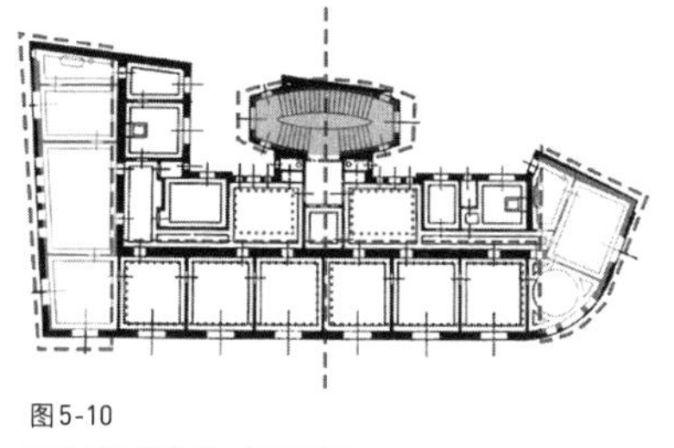

图5-10
察赫尔豪斯公寓一层平面图

图5-11
察赫尔豪斯公寓立面

4）教堂建筑的突破

同察赫尔豪斯公寓所取得的先锋意义一样，在1909—1913年间完成的圣灵教堂也被认为是普雷其尼克对教堂建筑新材料使用的一次突破。教堂建造的初衷是为了配合罗马天主教的复兴运动，使该地区的工人重燃对天主教的热情，项目包括牧师住宅、公寓，以及能够容纳社会活动的教堂大厅。普雷其尼克作为罗马天主教忠实教徒在整个建筑的设计中也践行了他的宗教信仰，采用天主教早期的巴西利卡式形制，地下室也着力渲染罗马时期地下教堂的氛围。由于资金问题，早期天主教的巴西利卡式方案不得不被放弃，结果催生了维也纳第一座用钢筋混凝土建造的教堂。教堂外部保留了古希腊和古罗马神庙山花和列柱的元素构成关系，但由于新建造材料的使用，建筑师对以往繁复装饰的山花和柱式进行了简化，被面和体等更具现代性的抽象元素替代，混凝土表面呈现出厚重与深邃的质感。

在教堂内部，普雷其尼克利用新材料的特点，取消了巴西利卡式建筑中常见的分隔主殿与侧殿的列柱，创造出一个合并教堂中殿与侧廊的大平面空间，使得教堂中央连接形成一个近似正方形的开阔空间，带来了不同以往的空间体验（图5-12～图5-14）：其一，因为中厅与侧廊的空间性质仍通过屋顶的高度予以区分，透亮与昏暗，高耸与沉抑，不同的氛围在建筑中流动串联，塑造出宗教空间中有趣而神圣的空间叙事（图5-15）。其二，大平面空间的圣灵教堂不设后堂，圣坛安插于中殿，拉近了神父与信众之间的距离，体现出文艺复兴般的人文关怀。另外，他还将世俗建筑的构件元素运用在宗教建筑当中，例如桥梁结构常用的混凝土梁和工业建筑构件等。通过这些手法，普雷其尼克表达出他对宗教艺术保持着一份与众不同的本真态度，完全涤净了外在的奢华（图5-16～图5-18）。

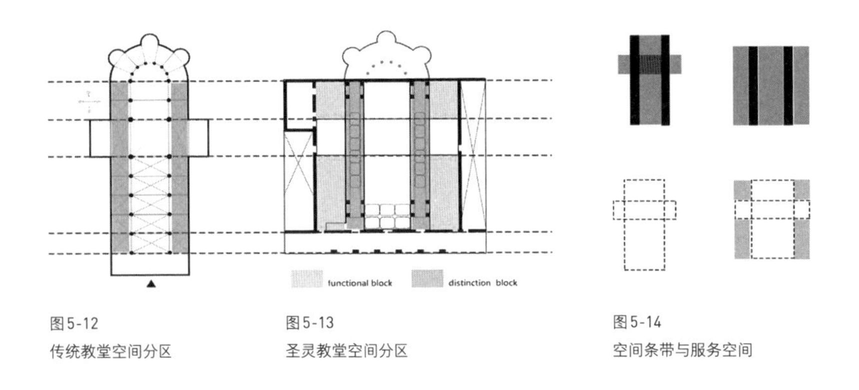

图5-12
传统教堂空间分区

图5-13
圣灵教堂空间分区

图5-14
空间条带与服务空间

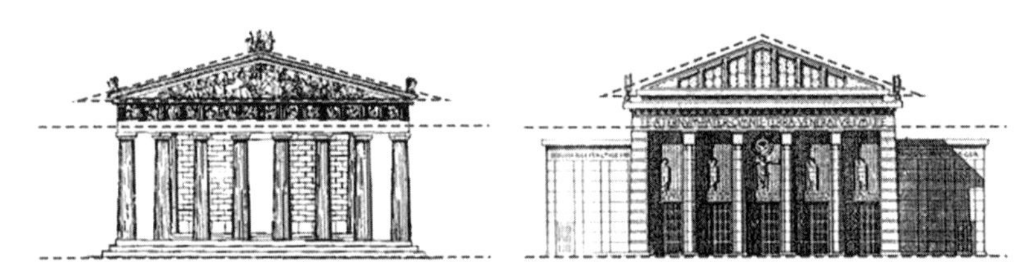

图5-15
圣灵教堂立面与帕提农神庙立面对比

图5-16
圣灵教堂（Church of the Holy Spirit）

图5-17
圣灵教堂内部

图5-18
圣灵教堂地下室

在普雷其尼克最初在维也纳学习，到独立完成建筑设计项目的那段时期，维也纳正处于分离派艺术运动繁盛的阶段，受时代新思维和新技术的积极影响，普雷其尼克在学习借鉴老师瓦格纳和分离派其他艺术特征的过程中，逐渐确立了自己青年时期的设计手法。装饰富有分离派的自然轻快、功能平面极具实用性、建筑积极融入城市环境，成为他这一时期的主要建筑特征。凭借其自身出色的绘图技能以及对分离派艺术手法的娴熟运用，普雷其尼克设计建造了一批对现代主义建筑深有启发的作品。同时，他也并不囿于分离派的固有风格，而是结合自己对于古典传统的研究以及技术材料的创新思考，进行新风格的积极探索。他进一步简化了分离派的装饰手法，辩证地思考功能、空间与立面的逻辑关系，关注建筑内部空间的营造、空间的叙事性，为他下一阶段的设计生涯奠定了坚实的基础。在老师瓦格纳看来，当时普雷其尼克已经是一个成功的自由建筑师了，他推荐普雷其尼克作为美术学院院长继任者，该建议也得到同事和学生一致支持。虽然瓦格纳反复提名三次，该提议最终还是被拒绝了。1911年，普雷其尼克决定离开维也纳，接受来自捷克的著名建筑师、同门师兄弟扬·科特拉的邀请，赴布拉格担任教职。

2

经典地域主义的现代诠释：大卢布尔雅那计划

在布拉格工艺学校任教期间，普雷其尼克注重将学生的注意力转移到具有城市特色的小型建筑项目，如展馆和街市摊位，并在教学中实践自己对于实际城市建设项目的愿景。在完成布拉格城堡项目后，普雷其尼克于1920年抵达卢布尔雅那，开启了他职业生涯的第三个重要时期。当时他正值设计思想成熟的巅峰期，定居在卢布尔雅那的决定指引了他的余生，并为他取得了不朽的成就。很少有艺术家或建筑师有机会设计大型城市区域，更不用说整个城市。普雷其尼克是幸运的，他知道如何把握机会，同时证明自己是最有实力承担任务的人。评论家们赞赏普雷其尼克的开拓性、独创性和个人风格，并把卢布尔雅那描述为拥有一位艺术大师的艺术印记的城市[①]（图5-19）。

卢布尔雅那地处意大利和奥地利之间，受两大文化的影响，历史上一直与西方建筑史发展同步，因而保留了古希腊、古罗马、文艺复兴、巴洛克式建筑特征。或许正是由于这样的文化背景，加上普雷其尼克年轻时游学罗马对于古典建筑理念的思考与灵感获取，他坚定地赋予了卢布尔雅那“地中海”的形象。为了在被欧洲主导的文化包围时仍能保持自己的文化特性，普雷其尼克通过对艺术的坚定认同来加强文化信念，使卢布尔雅那成为“斯洛文尼亚的雅典”和国家名副其实的首都。在建筑设计过程中，普雷其尼克首先对当地建筑进行研究，注意到传统艺术中接近巴洛克式的成分，以及18世纪威尼斯艺术对斯洛文尼亚产生的关键影响，他因此认为卢布尔雅那是受地中海文化影响下的古典、文艺复兴和巴洛克式的建筑遗产。

① KREČIČ P. Plecnik's designs for Ljubljana[J]. Slovene studies journal, 1996, 18 (2) : 105-115.

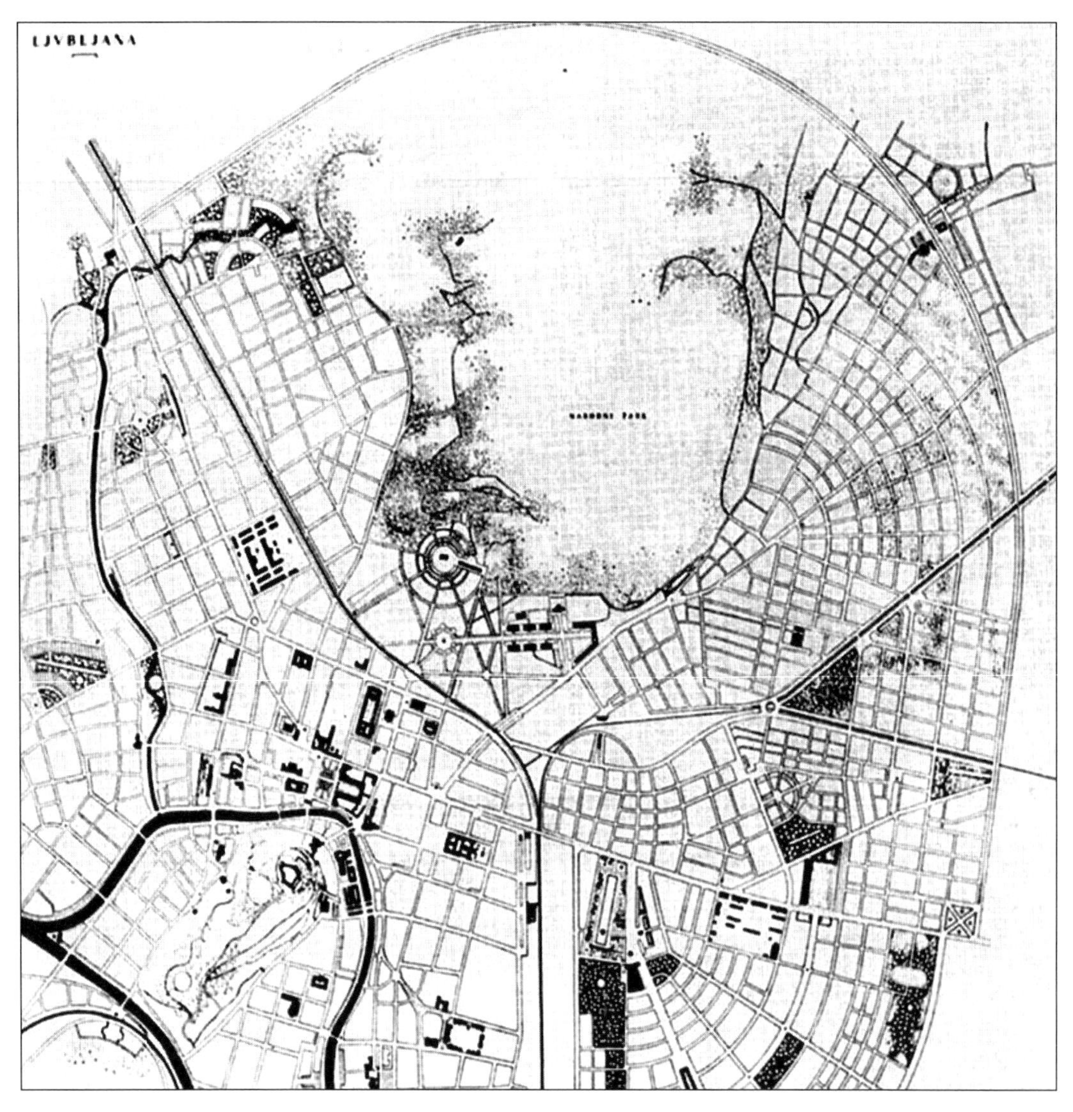

图5-19

普雷其尼克做的卢布尔雅那历史建筑及肌理研究（1929年）

这些研究成果和文化层次的积累，以及南斯拉夫的拜占庭式建筑等都成为他的灵感来源。在城市规划上，普雷其尼克继承了奥托·瓦格纳的思想，把罗马帝国的城市作为理想城市样本。二者的不同之处在于，瓦格纳认为古老而成熟的罗马城市更好，而普雷其尼克则更欣赏正派而纯净的新兴罗马城市，并且以此作为自己的设计样本。

自1895年大地震后，卡米拉·西特[①]和马克思·法比亚尼[②]分别为卢布尔雅那提出重建规划，前者因其坚持的美学原则，尊重和加强了这个时期剩余历史建筑的特征；后者则更强调功能。普雷其尼克采用法比亚尼的功能至上的手法，结合西特在他的规划中概括的“艺术”原则，在尊重卢布尔雅那的历史和文化遗产以及地中海城市结构的基础上，为卢布尔雅那确定了一个清晰而强烈的形象。他将家乡视为一个新的雅典卫城，将其城堡作为突出的城市特点（象征着卫城）。在卢布尔雅那出现的新的城市标志，也是由他本人来主持设计的，如阿哥拉[③]、国会广场（1927年）和贝奇格拉德体育场（1925—1927年）结构的设计等。

在第二次世界大战期间，普雷其尼克以雅典古希腊图书馆为原型设计了国家和大学图书馆；在原有的市场（Market，1940—1944）中重建了一个柱廊（Stoa）；修建了扎莱墓园，作为卢布尔雅那的古墓地。最后还有一些剧院建设的计划，但其中只有位于蒂沃利城堡后面的，有着多立克柱式舞台的夏日剧场得以建成。这不仅仅是一个新雅典卫城的隐喻，也是一种古典城市模型到卢布尔雅那新的城市环境的转译[④]。

在制定卢布尔雅那城市规划的时，普雷其尼克采用了和前人完全不一样的方法，即在规划核心内容时运用一种更注重“体验”的方式。他更关注城市是怎样在地面的层次上被居民体验，而不是在大尺度上的形式追求与构图处理[⑤]。普雷其尼克的卢布尔雅那城市总体规划与当时流行的大多数城市规划的方法都有所不同，纯粹是他个人的想法和深思熟虑后对这个城市和其居民需求的回应。他的提案建议是基于当地人充分理解了他将要进行设计的背景以及他所想要实现的特殊干预的结果[⑥]。

① 卡米洛·西特（1843—1903年）奥地利建筑师、城市规划师、画家暨建筑理论家，被视为现代城市规划理论的奠基人。

② 马克思·法比亚尼（1865—1962年）斯洛文尼亚建筑师，工作于瓦格纳的工作室，将分离派建筑风格引入斯洛文尼亚。

③阿哥拉：音译自希腊语“Αγορα”，原意为集市，泛指古希腊以及古罗马城市中经济、行政、社交、文化的中心。通常为地处城市中心的露天广场。

④⑤⑥ PETRIC J，GRAHAM M. learning from Plecnik[J]. ARQ，2009 (72)：82-85.

对普雷其尼克来说，城市就像一个活着的有机体，它的特征只有通过漫步在街道和广场中才能被生动地体验到。他反对像勒·柯布西耶或其他国际现代建筑协会成员所主张的抽象分析方法。对他而言，设计一个城市就像叙述一个故事，或者体验一段音乐，是某种有起因、经过、高潮和结果的完整的过程。普雷其尼克综合各种源于城市规划的功能和艺术的方法，给他的卢布尔雅那规划确定了三个主题①。

主题一：完整清晰的空间结构（图5-20）

卢布尔雅那的罗马埃莫纳军营城市遗迹和老城区的意大利巴洛克式建筑保留着1895年大地震前存留的地中海城市特征的记忆。普雷其尼克希望新的卢布尔雅那能够重建与这些记忆的联系，并使之成为强化现有城市格局的积极元素。因此，他在经过仔细考察之后将这些遗存和记忆当作"叙事者"，采用丰富的"城市叙事"网络形成完整而清晰的空间结构，进而梳理沿卢布尔雅尼察河密布的空间轴线。普雷其尼克运用这个空间结构来组织城市元素的位置、尺度和类型，加强了城市的特征和可辨认性。

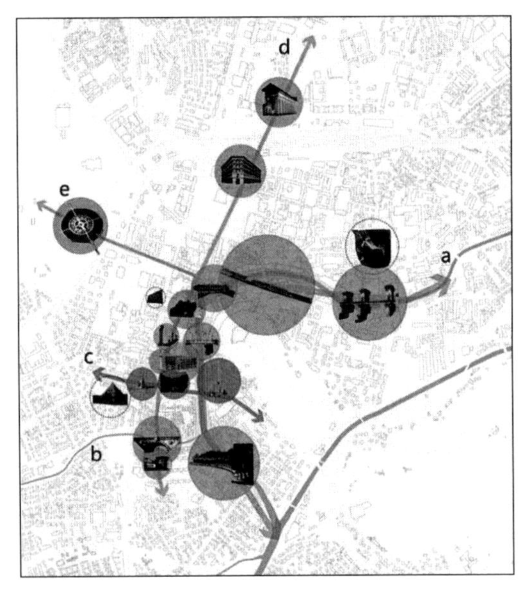

图5-20
普雷其尼克开放空间结构轴线

① PETRIC J，GRAHAM M. learning from Plecnik[J]. ARQ，2009 (72)：82-85.

② BENTLEY I，GRŽAN-BUTINA D，Uože Plečnik 1872-1957[M]. Oxford Polytechnic，1983：45.

③ PETRIC J，GRAHAM M. learning from Plecnik[J]. ARQ，2009 (72)：82-85.

主题二：环境多样性

卢布尔雅那历史悠久，受到意大利和奥地利两大文化的影响，留下了丰富的建筑遗产，保留着古希腊、古罗马、文艺复兴、巴洛克式的建筑特征，形成了复杂的城市肌理。普雷其尼克在新的城市建设中完整地保留了多样化的城市环境要素，在这些相互联系的要素之间——无论是单独的空间和路径，还是建筑物本身，都在整体空间结构中得到自由而多样化的表达，从现有的独立城市街区，到符合人体尺度的街道家具等各个方面都得到了体现。为了保证他最初的设想能够被完整地实现，普雷其尼克亲自动手在这个城市中设计了许多新建和改造项目，最终历史的声音得以在曾经的地方被聆听，未来的发展同样也与之共存。

主题三：社会关联性

普雷其尼克在卢布尔雅那规划设计提案中提出的目标是，将公共空间、道路和建筑物形成的强大网络与城市中更私人的部分对比并置在一起，这将创造一种适合于社会语境的环境——它会有效地表达社区和个人的需求。普雷其尼克将个人体验与社会关怀结合，在其中可以真正地感受到城市是民众的，是可以自由使用和体验的。在他的工作中，我们可以看到“在强大的整体秩序中具有环境多样性和社会相关性”[②]。这个中心思想是普雷其尼克总体规划的核心，贯穿在他不同尺度的设计中。

普雷其尼克将这三个主题策略在大尺度的层面应用于卢布尔雅那的城市总体规划中。他提升了现有城市道路的品质，并将城市内的各种元素更加紧密地结合到城市的空间结构中——即通过创建道路和事件的框架来统一和加强城市的整体结构。这个结构中的核心是利用卢布尔雅尼察河和它的支流格拉达西卡河作为连接元素，建立和加强线性的视觉与功能联系，整合街道、广场、行人路线和桥梁，形成城市内的公共空间网络[③]。

根据上述主题，普雷其尼克设定了开放空间结构的几条主要轴线或视觉长廊，分别是：卢布尔雅尼察河沿岸、格拉达西卡河沿岸、科捷佐瓦街到城堡沿线、维格瓦街到特诺沃教堂沿线与蒂沃利公园到城堡沿线。

① 卢布尔雅尼察河沿岸：卢布尔雅尼察河沿岸的叙事序列和空间事件是普雷其尼克制定卢布尔雅那计划的核心，其他的路径和轴线分别与之相连或相交。普雷其尼克对卢布尔雅尼察河沿岸的改造成为整个卢布尔雅那城市发展的激活器，卢布尔雅尼察河沿岸的成功就像动脉一样，将新的思想与理念输送到与之相连或相交的其他路径，带动了整个大卢布尔雅那地区的改造。

② 格拉达西卡河沿岸：格拉达西卡河是卢布尔雅尼察河的一条支流，从西部穿城而过，最终汇入卢布尔雅尼察河。普雷其尼克将其沿岸开发成一个隐秘的线性花园，打造出田园诗歌般的环境氛围，就像引导人们进入城市的路线一样，使城市环境在门槛处自然地过渡到建筑内部。

③ 科捷佐瓦街到城堡沿线：普雷其尼克将科捷佐瓦街与埃莫纳的罗马城墙平行设置。科捷佐瓦街通往横跨卢布尔雅尼察河的圣詹姆斯桥，并延伸至圣詹姆斯广场；广场有一条通向城堡的路径，沿途可以欣赏整个城市的景观。在这条轴线上，可以很明显地看到普雷其尼克散点式的温和设计介入，有时甚至只有简单的树木和小纪念碑，目的是想营造一个充满意义和关联性的场景。

④ 维格瓦街到特尔诺沃教堂沿线：维格瓦街与卢布尔雅尼察河基本平行，沿街有许多文化机构，包括大学、音乐学院、图书馆、节日庆贺厅和学校。普雷其尼克将其设定为一条文化轴线，并赋予该轴线厚重的文化意义，使之成为斯洛文尼亚伟大的文化纪念碑。

⑤ 蒂沃利公园到城堡沿线：为了在自然环境、城市和城堡之间建立更强的联系，普雷其尼克提出了从公园到城堡沿线的包括位于蒂沃利公园旁边的大学在内的各种方案，遗憾的是大部分提案最终未能实现。

从1921年至“二战”结束前，普雷其尼克对卢布尔雅那城市富有远见的改造计划大多数得以实现，其中很多地方甚至超过了预期。他沿着河流对城市的一系列干预和改良措施是卢布尔雅那整体再生计划的核心，如今看来依然是非常成功和出色的：普雷其尼克为卢

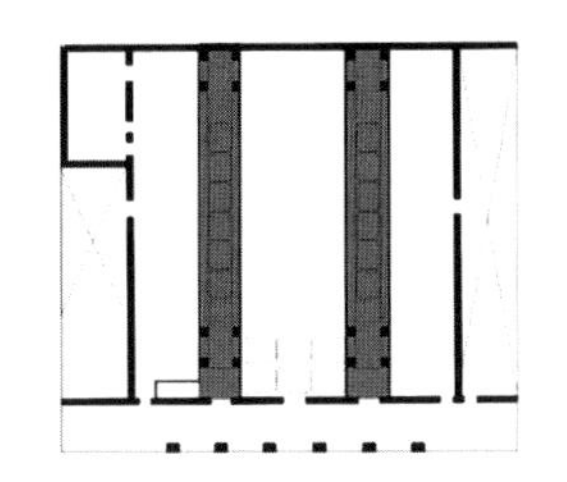

图5-21
圣灵教堂平面间隔关系

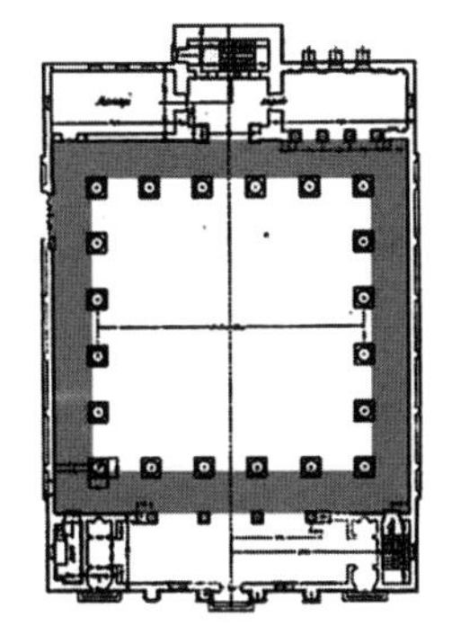

图5-22
圣弗朗蒂斯克教区教堂平面图

布尔雅尼察河创造的叙事路径，以及他在这个叙事中设计的不同尺度的项目成为生动具体的空间事件，每个项目的建筑语言参考并颠覆了特定的古典风格（新古典主义、文艺复兴、巴洛克等），通过尊重城市日常活动背景的方式建立起国家首都公民身份和意识的认同；此外，他利用城市的河流及其上面的桥梁为城市公共空间和公共建筑创建了流畅的连接，他对城市河岸采用了特殊的处理方法，使沿河的边界成为多层序列的有趣空间。通过设计介入对道路、通道或者桥梁的概念给予重新诠释，它们不仅仅是一种连接方式，还是当地居民的室外活动室——人们可以在这里互动、散步和参与城市的社会生活。这些设计介入通过与沿着卢布尔雅尼察河的统一轴线的路径建立联系，将过去和当下的记忆碎片集中于城市中并为未来的发展留下空间，成为线性的城市公共空间。

普雷其尼克的城市规划被认为是一个动态的叙事序列（以设置生活舞台的方式发生）。而他真正意义上的现代性，及其对建筑和城市规划理论做出的重要贡献现在也逐渐开始被理解。

1）大卢布尔雅那的起点

圣弗朗蒂斯克教区教堂是普雷其尼克启动大卢布尔雅那计划的第一个重大项目，借用这个宏伟和令人震惊的建筑，他为卢布尔雅那引进了一套新的维度和更大尺度的建筑标准。虽然该项目招致了些许阻力，但迎来了普雷其尼克最非凡和丰沃的创造时期——普雷其尼克的大卢布尔雅那规划的实施。

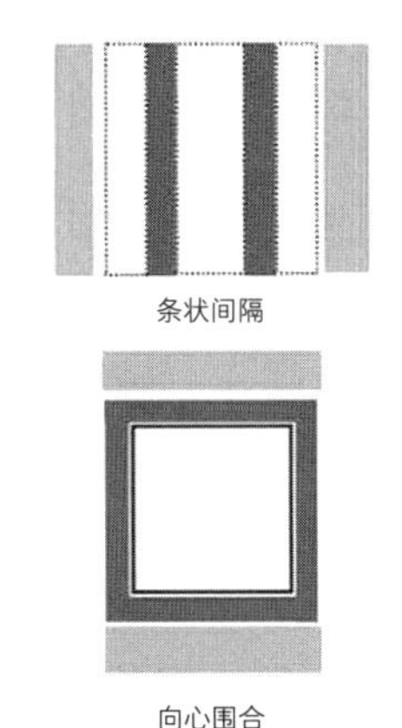

图5-23
空间分布分析

圣弗朗蒂斯克教区教堂位于卢布尔雅那市中心西北部的西施卡镇。由于第一次世界大战的影响，方济会兄弟建设教堂的计划被暂时搁浅。战后，普雷其尼克提出了一个源自于1922年维诺赫拉迪教堂却更为理想的设计方案。它的原型来自希腊神庙，即由圆形柱廊围合形成中心布局式空间，教堂主坛设置在该空间的一端，拉近了牧师与信徒之间的距离，为所有参与仪式的信徒带来更强烈的集体感，与圣灵教堂的条状布局不同（图5-21～图5-23）。

普雷其尼克在这座新建教堂项目中使用了类似的原则和效果，他采用了希腊神庙式的正方形平面，但是用一个柱距为5米的方形大厅取代了圆形的中心空间，中心空间上方是方形的木质顶棚，站在其中的信徒可以深深地感受到强大的仪式感。教堂紧邻居住区道路，象牙色的立面柔和温暖，另一端的尖塔安放在圆柱塔的柱子上，具有民族主义教会的典型特征（图5-24～图5-26）。在结构上，混凝土的梁柱体系解放了四周的墙体，普雷其尼克因此设计了许多高侧窗，使室内空间更显宽敞透亮。圣坛位于正方形平面的一侧，由黑色大理石基座界定，氛围静谧安详。普雷其尼克还亲自设计了教堂里所有的圣坛，在那里他找回了礼仪的本质；尽管仍带有前基督教元素，他还是抓住了文艺复兴时期的灵感，最终将圣母玛利亚教堂的礼拜堂氛围带入了这座教堂。教堂的平顶木质顶棚和高侧窗很容易让人联想到古老的基督教大教堂，这也是普雷其尼克设计教堂的一个特征。他在后部的外墙上则采用规则排列、样式简单的窗户。另外，他还利用主入口轴线上的钟塔强化了后穹壁的上升感，使后穹壁在高度上朝着陡峭的圆锥形塔的顶端延伸（图5-27、图5-28）。

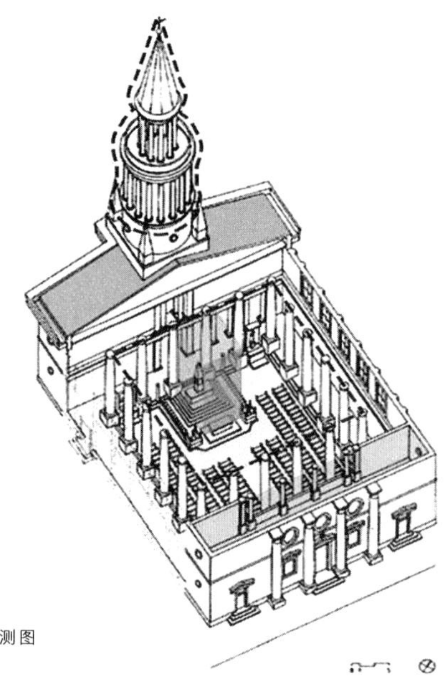

图5-24
圣弗朗蒂斯克教区教堂轴测图
塔—圣坛—祷告区

图5-26
圣弗朗蒂斯克教区教堂北立面

图5-27
圣弗朗蒂斯克教区教堂圣坛

图5-28
圣弗朗蒂斯克教区教堂木质顶棚

图5-25
圣弗朗蒂斯克教区教堂南立面

2）存在于人与空间中的建筑

从1920年开始，普雷其尼克在布拉格城堡工作的同时，在卢布尔雅那也完成了数量惊人的建筑设计项目。其中，十分出彩的当属卢布尔雅那堤岸以及三桥的设计工作。

如同博尔赫斯在解释歌词的经验和艺术与个人之间的关系时说："诗歌在于诗歌和读者的相遇，而不是印在一本书的页面上的符号线……"①，建筑则更明显地存在于人与空间之间的关系中，而不是仅仅占据我们的感知世界并阐释我们的知识、真理和现实的形式。普雷其尼克的建筑，如卢布尔雅那的中心市场，表明了他关于形体表现与空间概念下建筑特征与关系的思考。他对空间的想法不是基于表征主导的空间形式，而是基于从复杂性和经验丰富的环境中提炼的附属概念②。

普雷其尼克将河岸市场设计与三桥设计相结合，连接了市场、市政厅和19世纪的街市商业部分，提供了塑造城市代表性公共空间的成功案例。市场建在以前城墙的地块上，如今由卢布尔雅尼察河沿岸的长廊取而代之。普雷其尼克将市场视为延伸在三桥和龙桥之间的一座巨大而不断形成的峡谷，其建成方案的主要部分来源于普雷其尼克早期设计的更大尺度的市政广场和市政厅③。

普雷其尼克认为中心市场不应该是具有强大控制力的单个体量，而应该被打散成更小的单元和组件，并用建筑细部的装饰构件联系起来，构成亲切宜人的尺度——即用丰富而复杂的城市体验，来建立建筑的形式片段（相似的手法也可以在阿尔托的建筑中看到）（图5-29、图5-30）；同时他设计的市场也不局限在建筑内部，而是由周边的建筑物（如教堂）界定，通过建筑围合的露天场地也是市场的一部分；其中大部分建筑物由一排拱廊支撑，以此暗示市场的空间范围。市场空间在建筑单元组件间流动，从开放到封闭，从室外到室内构成了丰富的公私过渡；整个市场空间被分为上下两个相对独立的部分：底层面向河面，对应着私密的部分以及优美的风景，上层面向广场，形成从房间—柱廊—广场，由私密到公共的三个层

① BORGES J L. Selected poems 1923—1967[M]. London: Penguin, 1985.

② RENAR T, RUSTJA U. Between spatial concept and architectural expression of plečnik's market in Ljubljana[M]. Ljubljana, 2007.

③ PETRIC J, GRAHAM M. learning from Plecnik[J]. ARQ, 2009 (72): 82-85.

级。市场朝向河面一侧的立面在传统的三段式中间添加了一层开敞凉廊，从三桥侧可以直接进入，位于中部神庙内的楼梯连接上下层（图5-31、图5-32）。

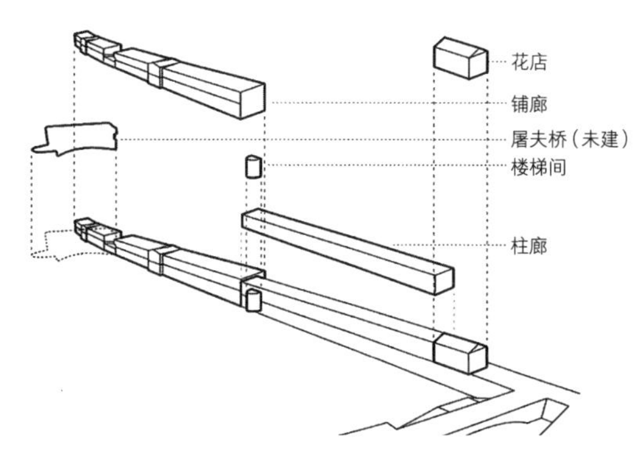

图5-29
打散的市场功能片段

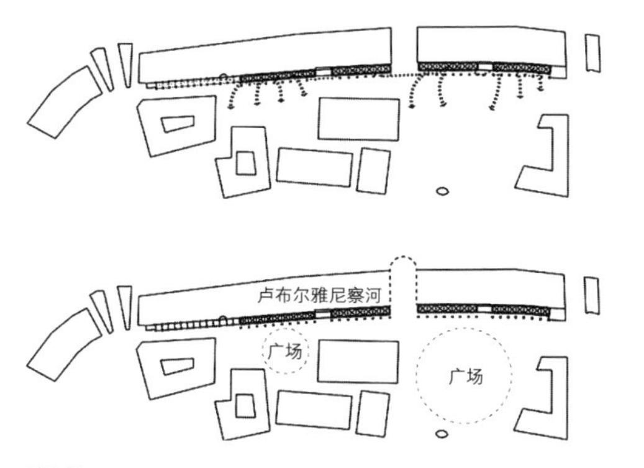

图5-30
由柱廊及周边建筑界定的流动空间

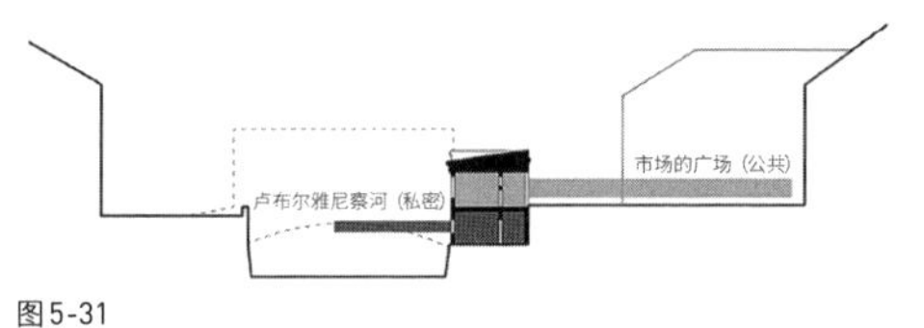

图5-31
竖向分层带来的公私分区

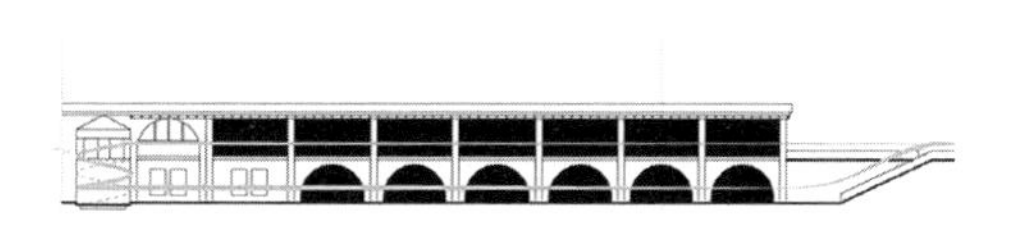
图5-32
沿河立面在中间层引入公共空间

由于三桥在“一战”后过于拥挤，普雷其尼克在旧桥两侧增设了另外两座人行桥(图5-33)。新桥并不与旧桥平行，而是呈漏斗形，一座桥由普列舍仁广场导向市政厅所在的斯特拉塔吉瓦街，另一座导向老城中心区的城市广场(Mestnitrg)(图5-34)。通过这样的设计，卢布尔雅尼察河的两岸被整合为一。通过参照现存的中间桥梁造型，加上新的桥柱和威尼斯式的栏杆，三桥的外观达到了和谐统一。这一设计是普雷其尼克复兴卢布尔雅尼察河岸区展望的一部分。通过桥侧的阶梯，人们可以自由通往贴近河面的水边平台。富有韵律的桥墩、灯柱和栏杆，以及熙熙攘攘的人群，构成了卢布尔雅那永恒不变的美丽图景(图5-35、图5-36)。

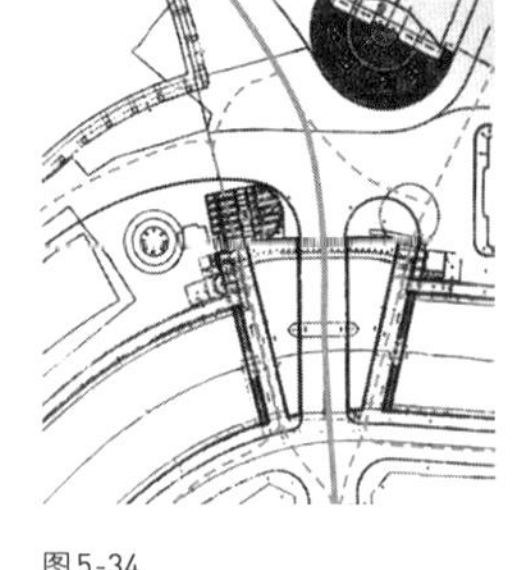
图5-34
三桥流线分析

在卢布尔雅那堤岸规划中，普雷其尼克活用景观设计，赋予植物以各种象征意义。如其中垂柳代表圆柱形，杨树代表柱子，树篱是墙壁，等等，新鲜的绿色植物增强并界定了其加深的河床和高堤之间略微弯曲的水路[①]。普雷其尼克赋予河流一系列功能，并通过提供的路径和特征性的桥梁，加强人与河流的互动，增强其作为城市生活必要动脉的可能。

图5-33
三桥

图5-35
河岸市场柱廊

图5-36
河岸市场临河面

3）通向知识殿堂的永恒之光

普雷其尼克的国家和大学图书馆（1930—1941年）的设计方案在1931年完成，由于与贝尔格莱德方面的财政纠纷，工程到1936年才启动，并刚好在第二次世界大战爆发前完成，它是普雷其尼克在斯洛文尼亚的核心项目，也是他艺术成熟期的最被人推崇的作品和最伟大的成就之一，其也被认为是知识圣殿的象征（图5-37～图5-39）。

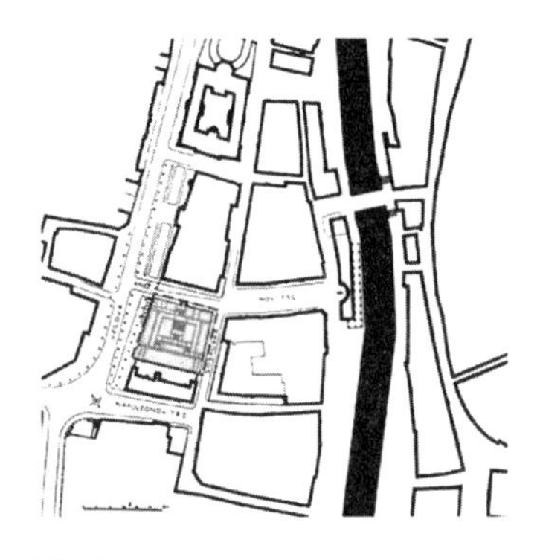

图5-37
国家和大学图书馆区位分析

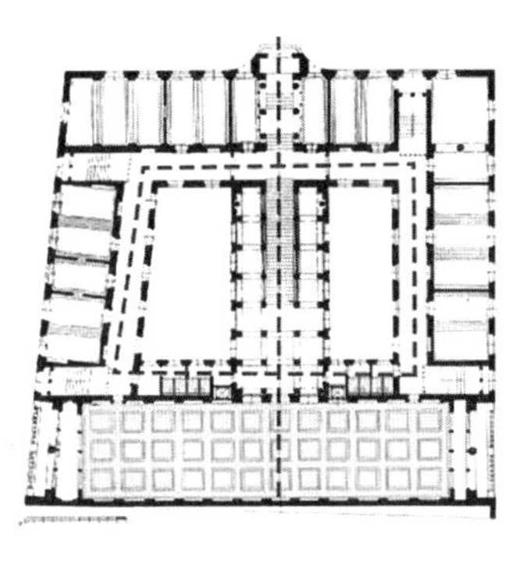

图5-38
国家和大学图书馆平面轴线分析

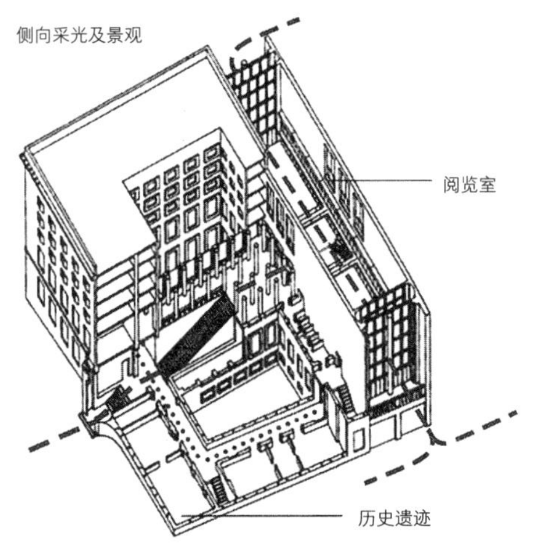

图5-39
国家和大学图书馆轴侧流线分析

① PETRIC J，GRAHAM M. learning from Plecnik[J]. ARQ，2009 (72)：82-85.

以文艺复兴时期的宫殿为样本，普雷其尼克采用了独特的锈斑石材的基座、砖砌的中部主体和坚固的王冠屋顶，首层立面的石材贴面上，还镶嵌了从基地之前的建筑物上拆下的砖块①。建筑外立面仿佛一件砖饰外衣，被嵌入其中的老建筑留存砖块分割形成有趣的纹理，消解了建筑的体量以免破坏老城砖屋顶的轮廓。由小街边一个不起眼的侧门进入室内，是建筑师为内部空间体验设下的第一个铺垫，穿过幽暗的门厅后，正对着的是一个通向二层的黑石材装饰的直梯柱廊，近处昏暗的光线与石梯尽端的光明仿佛描绘了从无知的黑暗到知识的光明的旅程。位于二层的阅读室，其室内空间轴线与入口的序列轴线呈垂直状布置。光线通过高侧窗进入室内，两侧的高窗均被有象征意义的柱子分隔，这也是图书馆特色室内立面装饰的一部分（图5-40、图5-41）。普雷其尼克的设计遵循了文艺复兴时期的宫殿样式，并试图将图书馆设计成为学习与知识的圣殿。每一个细节都很重要，因此他对里面所有的家具和配件也亲力亲为，倾注了大量的精力（图5-42、图5-43）。

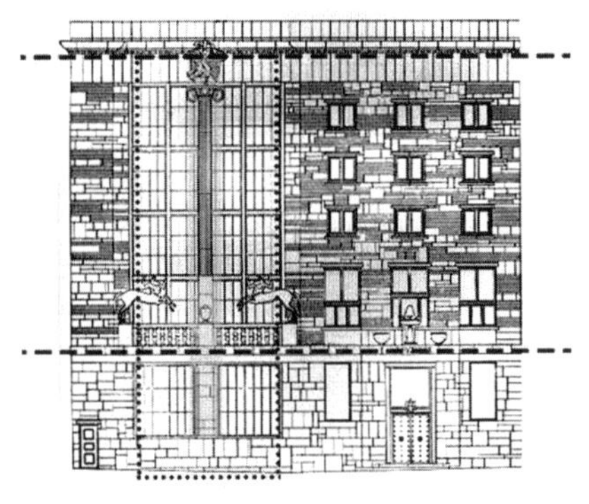

图5-40
国家和大学图书馆轴立面分析

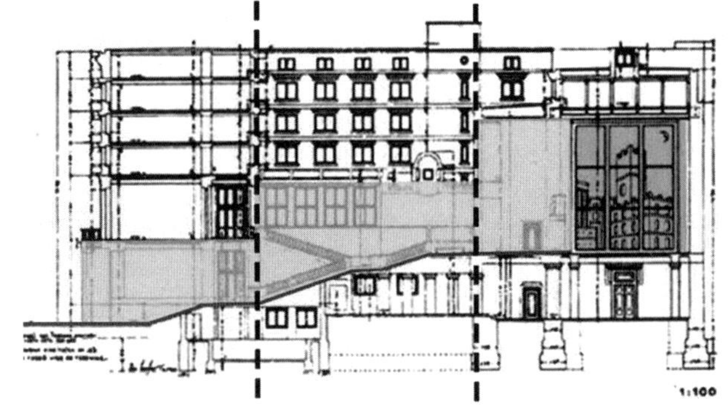

图5-41
国家和大学图书馆阶梯空间分析明一暗一明序列关系

图5-42
通向光面的长柱廊

图5-43
国家和大学图书馆外观

① https: //www.archiweb.cz

4）灵魂栖息所

20世纪30年代末，为了满足卢布尔雅那迅速发展的需要，在城市的东北郊区开发了一座非传统墓地结构的墓园——扎莱墓园（1937—1944年）。建筑师试图避免营造阴沉的墓地氛围，而将整座墓园构思成为一处公园。其灵感或许受到某些历史元素的影响，但却又不能与任何已知的历史模式进行比较。亭子组合、伫立的小柱、喷泉和长椅等元素，都在试图唤醒希望而非对死亡的恐惧（图5-44）。

墓园入口设有山门，分隔现实与逝者世界的两层柱廊架构间，光影阴翳的自由空间牵发着生者对死者纯净的缅怀心情。公墓里的小礼拜堂独立成幢，让人联想起旧时的社区教堂。在这个项目设计中普雷其尼克使用了独特的古典建筑的现代诠释方法（图5-45、图5-46）。其中，教堂形状衍生自早期历史建筑类型，如土丘、希腊神庙或拜占庭式教堂，表达了普雷其尼克的宗教平等观念。在13间小礼拜堂之一里面举行完仪式后，祭奠的队伍需继续前往邻近墓地东北端的出口，那里是通往天国的大门。不同于用清晰对称手法处理的入口，位于树木和灌木丛之间的独立教堂和其他小建筑物几乎没有明显的外观和组成布局。在墓园末端，一个生产棺木的建筑再次以森佩尔

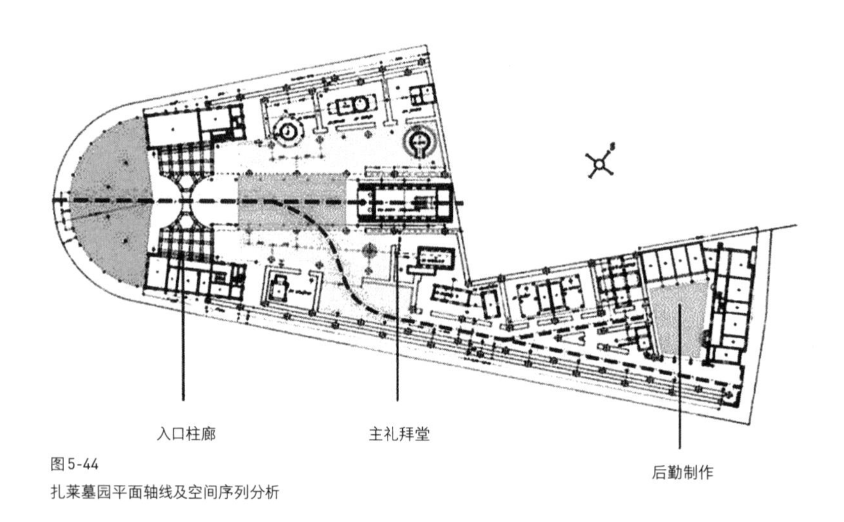

图5-44
扎莱墓园平面轴线及空间序列分析

饰面理论为基础：屋顶与建筑物的体量分开，由独立支柱支撑；窗间墙如石块和砖块编织的挂毯一样，展示出像纺织品或马赛克般丰富的图案纹理。值得注意的是，该项目的总体布局与雅典卫城的平面颇有相似，建造过程中也未经静力计算，建筑师欲以此表明自己深得古代先贤之道（图5-47）。

图5-45
扎莱墓园入口

图5-46
礼拜堂

图5-47
棺木店立面装饰

小结

除了严重的战乱和恐怖时期，普雷其尼克即使在战争期间仍然持续工作，设计和规划纪念性的方案，甚至是卢布尔雅那城堡最小的构造细节都亲自完成，他在不断丰富着所有他已实现和未实现的巨大项目。普雷其尼克的遗产是整个卢布尔雅那城市中心，这种遗产以路面、灌木丛、雕像、柱列、独一无二的建筑、堤防公园、河景，以及国家和大学图书馆的形式存在着，更有他设计的市场与三桥广场，为市中心赋予了不同的性格和面貌。

普雷其尼克渴望保留卢布尔雅那多层次文化的历史，并呼应罗马、中世纪和巴洛克时期所做的规划。他最终成功地保留了这种历史层次性并在其中增添了自己的创作，他的作品饱含了他对城市景观与宜人城市生活的理解。在第二次世界大战结束后的几十年里，普雷其尼克被认为已成历史，他作为建筑学院院长的角色也逐渐被边缘化，但他仍然坚持建筑工作直到生命的最后一刻。到了20世纪70年代，后现代主义者在寻找历史形式和建筑中“失去的智慧”的时候重新发现了普雷其尼克的天才。我们可以说普雷其尼克是一个“现代古典主义者”，他展示了传统和创新之间并存无碍的建筑。普雷其尼克的卢布尔雅那是现代城市景观和创作理论的杰出案例，更是一个保有其历史中多层次文化的重要范本：从古罗马埃莫纳—中世纪城镇—巴洛克城镇—19世纪的城镇[1]。

[1] PETRIC J，GRAHAM M. learning from Plecnik[J]. ARQ，2009 (72)：82-85.

3

后地域的停滞与反思：国际浪潮中的摸索

弗朗索瓦·布克哈特[②]在他所著的《建筑师普雷其尼克》一书的前言中将普雷其尼克描述为："在20世纪建筑业中留下了他的印记，却由于现代化进程的发展被不公地忽略了。"[③]事实上，普雷其尼克被边缘化的几个原因可以归结为：其本人消极的政治影响力、职业生涯与众多重大变革不凑巧地交织，以及捷克建筑在20世纪上半叶的变革道路的消极影响。此外，普雷其尼克的工作还缺乏相关的文学著作来支撑他的建筑理论。弗雷德里克·阿赫莱特纳[④]曾提到："普雷其尼克从来没有系统地总结发表过他的理论著作，人们只能从他的建筑作品或者他偶尔发布的声明中才能瞥见其建筑思想。"种种影响之下，第二次世界大战结束后，普雷其尼克的影响力逐渐减弱。在现代主义时代潮流的冲击下，斯洛文尼亚的建筑不可避免地走上了由时代牵引逐步探索自身定位的道路。虽然此时的中欧几乎笼罩于社会主义的现实主义美学之下，但由于政治上的脱离，斯洛文尼亚的建筑创作，无论是纪念性建筑还是竞赛提案，仍然表现出普雷其尼克崇尚古典的影响。而当普雷其尼克的权威影响完全消失之后，现代主义的设计风潮迅速引领了斯洛文尼亚年轻一代的建筑师。

图5-48
爱德华·拉夫尼卡尔，1907—1933年

建筑师爱德华·拉夫尼卡尔（图5-48）是普雷其尼克最有天赋的学生，也是后普雷其尼克时代斯洛文尼亚第一位权威性的建筑师、城市规划师、理论家和建筑教育工作者。在卢布尔雅那大学毕业后，他曾在巴黎的勒·柯布西耶事务所实习，并于1946年返回卢布尔雅那大学建筑系任教。与其学习经历有关，拉夫尼卡尔倾向于发展功

② 弗朗索瓦·布克哈特（François Burkhard，1936年至今），法国建筑师。

③ BURKHARDT F，EVENO C，PODRECCA B. Jože Plečnik，Architect：1872–1957[M]. MIT Press，1989.

④ 弗雷德里克·阿赫莱特纳（Frederick Achleitner，1930年至今），奥地利建筑师，建筑批评家和作家。

能主义的教学模式。值得一提的，拉夫尼卡尔在追随当代建筑发展的国际潮流的同时，对斯洛文尼亚的建筑传统非常尊重，并将其独创性地概括为“斯堪的纳维亚建筑的原则”，追溯着瓦格纳的城市理论和普雷其尼克的“地中海”血统。但爱德华·拉夫尼卡尔的作品和思想由于20世纪中叶欧洲的政治分化而未被广泛传播。

那个时期仍不乏普雷其尼克古典主义的忠实拥护者，如建筑师埃多·米海夫茨（Edo Mihevc）追求的则是一种近似普雷其尼克的具有强烈地中海特质的现代主义。正是在这错杂的现代主义时代背景下，方方面面的因素最终导致斯洛文尼亚建筑由普雷其尼克时代过渡到后继者之后的青黄不接，在风格上也再无力抗拒现代主义的巨大浪潮。

拉夫尼尔卡之后，他的学生继续探索着斯洛文尼亚的现代主义道路。20世纪60年代早期备受关注的建筑师萨温·塞维尔正处于欧洲粗野主义和结构主义的影响之下。他作品中显示出理性、沉静、人性化和以可见结构、裸露混凝土为主的构造特征，自然被纳入新粗野主义的美学体系。其后，新一代的建筑师们做着不同的尝试，他们有人通过强调结构布局而追随功能主义，有的以精致的形式、材料和色彩的感觉，以及建筑对人产生的心理效果作为操作手段而进行建筑体量设计。当然，这一时期也不乏舶来的他国现代主义者的经验，奥顿·龙戈维茨便是其中一位。他以在布拉格的学习体验赋予建筑更为诗意的表达，他的建筑简单而精美，屋顶成为最具表现力的元素。他设计中体现的是“屋顶是什么”的思考，像一种思想，自由地悬浮于场地所倾诉的故事之上。这在今天看来可被归为批判性地域主义的现代诠释[①]。

20世纪60年代后期开始，受到西方学术界讨论的后现代主义时期的理论影响，建筑界也形成了批判现代主义建筑的理论和实践的思潮。由于对现代主义的广泛质疑，斯洛文尼亚的建筑界于1968—1980年间陷入了严重的身份危机中。这时期吸收各种历史元素、运用各种隐喻手法和折中风格的后现代主义建筑出现了，他们虽然主张破除城市传统，可大多数发展理念仍然深根于先前的价值体系之

① 加布里耶尔奇科，孙凌波. 斯洛文尼亚建筑与卢布尔雅那建筑学院[J]. 世界建筑，2007（09）：21.

② ③同①。

图5-49
卢布尔雅那扎莱墓园
第一次世界大战阵亡将士骨坛

中。而普雷其尼克的风格仿佛早已预示了这场巨变的到来，作为国际公认的“后现代主义建筑的先人”他在五六十年前已为斯洛文尼亚的建筑留下了可以不断发掘的宝贵遗产。在他的影响下，拉夫尼卡尔的学生们运用经典建筑元素创作了一系列传统复兴的现代建筑。事实上，这个时候正是需要对新近的功能主义实践进行一次客观判断的时刻，以解决众多新的现实问题。这个转折是基于等级化社会关系的过时的意识形态的结果，与这样一种状态相反，一种新的独立的观点必须出现，正如新的、普遍的道德准则一样②。

20世纪90年代后期，现代主义逐渐恢复欧洲建筑的主体地位，而对应当代斯洛文尼亚建筑，这意味着重拾拉夫尼卡尔任教时的功能主义传统，并立足于自身地域传统之上努力寻找自己独特的形式定位。新世纪伊始，随着国际交流的日益频繁和信息技术的广泛使用，新生代的建筑师们在无界的知识和信息领域，充分获得滋养。在信息时代下产生的建筑师出现了，他们明确首要功能，创作具有时效的建筑，运用媒体获得全世界的关注。语言不再是障碍，而成为共同交流的工具；技术和信息的网络覆盖全球，他们的生活只是其中的节点环境。他们承租或成对工作，与家庭团体类似③。如萨达+武加事务所，他们思考如何改变城市以适应当代的原则，如何完成动态的城市更新。新的建筑也以一种更加开放创新、富有张力的方式定位着当代对于城市的感知。全球化的工作模式也会导致有意料之外的方案出现，斯洛文尼亚城镇形象已经受到它们的影响，并会导致更加深刻的城市和社会意义。

年轻一代斯洛文尼亚建筑师有意识地从已知的重复方案和类型跳脱出来，努力引入一种生成全新类型的语汇，并在作品中传承着不同于资本主义文化的、尊重传统的普雷其尼克式文脉，同时也在追求结构和技术的理性，注重实效和创造性，践行对现实清晰艺术的细致深刻的研究（图5-49）。

第六章

布拉格现代主义建筑的萌芽

CHAPTER SIX
THE SPROUT OF
MODERNIST ARCHITECTURE IN PRAGUE

128 ~ 193

捷克共和国是一个位于欧洲核心地带的中欧内陆国，其4个邻国分别为北方的波兰，西北方的德国，南方的奥地利，与东南方的斯洛伐克。其前身为大摩拉维亚王国和波希米亚王国，1526年后实际上失去独立地位完全受奥地利哈布斯堡王朝统治，1867年后处于奥匈帝国统治之下。第一次世界大战后奥匈帝国解体，捷克与斯洛伐克联合，1918年10月28日成立捷克斯洛伐克共和国。1993年1月1日捷克斯洛伐克共和国和平分裂为两个独立的国家。

19世纪末，现代主义运动席卷了整个欧洲，艺术领域都开始转向国际化。在捷克，1895年出版的《捷克现代派宣言》中表述了对现代主义文化的要求，并由诗人约瑟夫·斯瓦多普卢克·马哈尔，文学和艺术评论家弗朗齐歇克·萨尔达以及许多其他捷克年轻的诗人和作家签署。宣言提出了艺术和批判的自由：艺术家的任务是以原始的方式表达自己内在的真实体验。文学现代主义的理想也得到了马内斯美术协会里年轻艺术家的支持。雕塑家斯坦尼斯拉夫·萨奇达在1897年创办了新的艺术评论杂志《自由的方向》。第一年，杂志主持了关于当代建筑的讨论，题目是“现代风格还是国家方向？”其中，著名艺术评论家卡雷尔·马德尔表达了自己的观点，即历史主义不是当代建筑的未来，他希望布拉格建筑能够很快找到自己的“救世主”——这个人后来在奥托·瓦格纳的众多门徒中被历史选中，他就是扬·科特拉①。

① SVÁCHA R, DLUHOSCH E, FRAMPTON K. The architecture of new Prague, 1895-1945[M]. Mit Press, 1995: 46.

1

分离派的启示：扬·科特拉回到布拉格

扬·科特拉于1871年12月18日出生于布尔诺（图6-1）。他先后在拉贝河畔乌斯季和比尔森接受教育。1890年毕业后他来到了布拉格，在他的远房亲戚福雷纳（J.F.Freyna）工程师手下实习。福雷纳发现了科特拉的建筑设计天分，并和他的朋友马拉多塔男爵（Johann Mladota von Solopisk）一起资助了科特拉进修学习。1894年，科特拉在普热洛乌奇（Prelouc）政府大楼的设计竞赛中获得了第二名，并开始在维也纳艺术学院进一步学习。1894年到1897年，他跟随现代建筑的领导者之一奥托·瓦格纳学习。在当时奥匈帝国的首都、旨在成为欧洲文化中心之一的维也纳，年轻的科特拉结识了许多瓦格纳的学生和同事：同样来自波西米亚和摩拉维亚的约瑟夫·奥布里希、约瑟夫·霍夫曼，同样出生于布尔诺的阿道夫·路斯，以及结下了终身友谊的斯洛文尼亚朋友约瑟普·普雷其尼克。

1897年，科特拉被邀请参加“七俱乐部”，这个小组的成员约瑟夫·霍夫曼、约瑟夫·奥布里希等后来成为维也纳分离派的核心人物。在和同僚们的讨论中，科特拉的艺术观点逐渐成型，他一方面接受了瓦格纳的现代主义教育，另一方面也受到了意大利古典主义的影响。在这一年，他赢得了著名的罗马大奖同时获得了在罗马威尼斯宫居住和游学意大利的奖学金，使他得以在1898年2月至6月去意大利旅行。在旅行期间，科特拉一直与普雷其尼克保持书信联系。一年后，普雷其尼克也赢得了在意大利旅行游学的机会。古罗马和文艺复兴的建筑加深了这两位建筑师对艺术的理解。

图6-1
扬·科特拉，1871—1923年

意大利之旅结束后，科特拉返回了布拉格，加入了布拉格应用艺术学院建筑专业工作室。科特拉带来的西方思维方式和现代建筑的功能概念使他成了“向欧洲打开了一扇窗户”的人，他的追随者后来都成为捷克建筑的代表人物：如约瑟夫·戈恰尔、奥塔卡尔·诺沃提尼、帕韦尔·亚纳克、博胡米尔·怀甘特等。

1897年，科特拉成为《自由的方向》杂志的编辑，一年后他加入了由建筑师、雕塑家和画家组成的马内斯美术协会，组织了一系列展览，包括罗丹展、慕尼黑世界博览会捷克艺术展等。

1910年他开始在新成立的布拉格美术学院任教，约瑟夫·斯蒂内克、博胡斯拉夫·富赫斯、弗朗西斯·利迪·加赫拉等人成了他的学生。

在经受长期病痛后，科特拉于1923年4月17日去世，长眠于维诺赫拉迪墓地。

1）装饰现代风

“建筑设计关乎的是空间和构造，而非形式与装饰。前者是建筑学的真理，而后者只是这个真理的一种表现形式。新形式无法从美学推断中产生，而只能诞生于新的功能和构造。任何从形式而不是功能和构造出发的运动，最后都必然只是浪漫的乌托邦。”

——扬·科特拉，《新艺术论》，1900年[①]

作为瓦格纳的学生，科特拉返回布拉格之后给捷克建筑界带来了新的建筑思想，奠定了捷克现代主义建筑的基础。1900年，科特拉在杂志《自由的方向》中发表文章《新艺术论》，表达了他的观点和主张：首先，他反对“印象主义审美”，提出了对真实性的要求，这可以从瓦格纳的观点追溯到拉斯金的“一个建筑必须是真实的”的表述；其次，他反对过分的尊重传统、单纯地组合历史元素，提出了对创造力的要求，这也是现代性的特征，因为现代主义者不认为传统的回归是一种创造性的行为；再次，他反对对立面以及立面装饰的过度重视，认为建筑应该从功能、空间和建造的表达开始；最后，他也反对建筑承包商和建筑装饰设计师之间的传统分工[②]。在

① 翻译自英文“Architectural design is concerned with space and construction, not with form and decoration. The former constitutes the actual truth of architecture; the later can at best be an expression of that truth. New form cannot arise out of aesthetic speculation but only out of new purpose and new construction. Any movement that has its origins in form, rather than in purpose and new construction, remains of necessity a romantic utopia.”英文来源：TEIGE K. Modern architecture in Czechoslovakia and other writings[M]. Getty Publications，2000：93-94.

②④⑤ SVÁCHA R, DLUHOSCH E, FRAMPTON K. The architecture of new Prague, 1895-1945[M]. Mit Press, 1995：48-49.

③ RAGULOVÁ Z. Czech art nouveau architecture in the cities of Prague, Brno and Hradec Králové[D]. I Coupdefouet International Congress, 2015.

当时的布拉格，新艺术运动集中在建筑立面的处理和室内装饰上，而很少涉及平面和空间的处理，建造的一般流程是施工方做好主体结构再聘请建筑师设计前立面[3]。而在科特拉的分析中，建筑师的主要工作首先是“空间的创造”，然后是在“支撑和重量的永恒本质”的基础上的“空间的建造”，最后才是“装饰、饰物”，它们的作用是表达和突出构成的元素[4]。

与瓦格纳一样，科特拉的建筑也有一个逐渐变化的过程。在科特拉的早期建筑中，他的艺术真实性作为一种潜在的倾向没有明显地表露出来。尽管如此，这些建筑也凭借其纯粹的风格元素和独特的艺术气质从一般建筑中脱颖而出。科特拉在布拉格的第一个作品是位于瓦茨拉夫广场的人民银行（又名彼得卡公寓）（图6-2），这是一个银行和住宅结合在一起的建筑，建筑平面在科特拉参与前已经完成，建筑立面和室内由科特拉设计。科特拉试图让自己从之前学到的范式中解放出来，实现他自己的独特表现方式——与维也纳分离派有所不同的比利时和法国新艺术运动风格。建筑的整体构成是瓦格纳式的，但是中央突出部分的细节模仿了维克多·奥尔塔设计的位于布鲁塞尔的塔塞酒店[5]（图6-3）。

图6-2
人民银行（彼得卡公寓）

图6-3
塔塞酒店

立面上巴洛克风格的曲线，精美的植物装饰和与整体协调的雕塑，都给人一个梦幻般的印象。科特拉将立面在垂直方向分成3个部分，中间的部分有弧形窗和独特风格的铁栏杆，都用了有机的曲线进行装饰，这样的有机曲线同样渗透到了建筑内部。科特拉根据建筑上下层不同的功能进行了不同的立面设计。底部粗犷的大型拱形窗后是国家银行的交易大厅和办公室，上部细腻的粉刷和轻微起伏的墙面背后则是公寓。同时，科特拉没有在窗户周围进行特别华丽的装饰，而选择了更加有机的灰泥玫瑰、刺、金色花瓣等装饰。这些灰泥植物装饰和曲线植物形式的元素也同样出现在建筑室内的门和楼梯扶手上。立面上的浮雕是约瑟夫·佩卡里克和卡雷尔·诺瓦克的作品，室内还有一幅扬·普雷斯勒的三联画《春》。这些都宣布了新艺术运动在布拉格的诞生[①]（图6-4、图6-5）。

然而在这个项目中，科特拉发现自己陷入了一个两难的境地——这个布拉格的第一个新艺术运动的实践，在《自由的方向》中受到年轻一代建筑师的批评，他们认为应该用一种更现代化的设计，而老一辈的保守派建筑师则认为它是从维也纳引进的，与他们的取向完全不合。历史主义的代表约瑟夫·赫拉夫卡（Josef Hlávka）称："所以这就是来自维也纳的救世主！立面看起来有些像狗舔过的一样。"[②]

图6-4
人民银行（彼得卡公寓）细节

图6-5
人民银行（彼得卡公寓）入口

① HOWARD J. Art nouveau: international and national styles in Europe [M].Manchester University Press，1996：95.

② 翻译自英文"So this is the saviour from Vienna! The facade looks like some dogs has licked it!"英文来源：RAGULOVÁ Z. Czech art nouveau architecture in the cities of Prague，Brno and Hradec Králové[D]. I Coupdefouet International Congress，2015：5.

③ RAGULOVÁ Z. Czech art nouveau architecture in the cities of Prague，Brno and Hradec Králové[D]. I Coupdefouet International Congress，2015.

图6-6
区府大酒店

与彼得卡公寓类似的立面构成可以在位于赫拉德茨-克拉洛韦的区府大酒店上看到，这是科特拉第一个真正的大项目。在这个建筑中，科特拉《新艺术论》中主张的“空间的结构性创造”和“置于之后的美化”得到了体现。建筑的立面来源于建筑的平面布局，而平面空间是尽可能按照功能布局的，同时立面也遵循了“结构的清晰表达”[③]。建筑一层是咖啡馆和餐厅，通过拱形门窗向街道完全敞开，二层和三层分别是市政厅和酒店。其中餐厅的室内设计由科特拉和他的朋友画家扬·普雷斯勒以及雕塑家斯坦尼斯拉夫·萨奇达共同完成。建筑外立面被分为两个部分，左侧是立面的主体，中央有弧形凸起，两侧对称以突出中央的市政会徽，波浪檐口下是华丽的植物装饰，窗户之间的墙面是空白而没有装饰的。右侧的立面则较为狭窄，底层入口两边有突出的柱子，顶层有一个阳台，阳台上装饰着狮子浮雕。整个立面通过对比给人强烈的印象，同时有机的植物装饰也增添了许多细节（图6-6、图6-7）。

图6-7
区府大酒店立面图

1902年，科特拉为马内斯美术协会设计了位于佩特任山脚下的金斯基花园临时展馆，用以展示罗丹的雕塑。建筑是现代主义风格的一种体现，因此展览空间本身也成了展品之一。建筑历史学家罗斯季斯拉夫·斯瓦哈对这座建筑的描述如下："这个建筑的主题是入口的拱门，不对称地放置在几乎没有装饰的正立面上，其后隐藏着一个八边形的入口大厅，玻璃圆顶将光线引入室内（图6-8）。拱门在两个高耸的塔之间……坚固的塔向上逐渐变细，装饰着一个自然主义的花环，最后成为一个完整的花冠，所以不仅是因为它的植物装饰，而是它们本身拥有了某种'自然'。"[①]两座高耸的塔楼之间的大门参照了1898年查尔斯·哈里森·汤森设计的位于伦敦的白教堂美术馆[②]（图6-10）；另有一说，建筑设计参考了奥布里希的恩斯特·路德维希大厦[③]（图6-9）。这个手法的使用可能意在表明现代运动已经成功地影响了捷克建筑界，而正面山墙的木结构也让人想起了民间木结构建筑。这个临时建筑一直作为展馆使用，直到1917年才被拆除[④]。

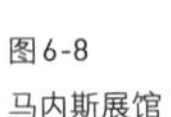

图6-8
马内斯展馆

① ŠVÁCHA R.Od moderny k funkcionalismu：proměny pražské architektury první poloviny dvcátého století[M].Odeon，1985：49.

② SVACHA R，DLUHOSCH E，FRAMPTON K. The architecture of new Prague，1895-1945[M]. Mit Press，1995：49.

③ HOWARD J. Art nouveau：international and national styles in Europe [M].Manchester University Press，1996：96.

④ Drexler O.O jedné dávné výstavě mistra Rodina [EB/OL].http://odrexler.blogspot.com/2014/07/o-jedne-davne-vystave-mistra-rodina.html?view=timeslide,2014-07-17.

1902年除了马内斯展馆之外，科特拉还设计了一些住宅。1880—1910年，英国正在进行工艺美术运动，希望复兴手工艺传统。在早期作品中，科特拉试图将捷克民族建筑传统与英国的住宅风格结合起来：较陡的坡屋顶，以通高楼梯厅为中心的空间布局。他倾向于功能性的室内设计，拥有良好的通风、日照、人工照明和现代化的卫浴设施。向自然敞开的阳台、走廊和凸窗是科特拉设计的家庭住宅的典型特征。科特拉认为，在住宅设计中，住宅本身、室内装饰、家具和设备都是设计的一部分。这种整体设计的概念是后来科特拉设计的基本原则⑤。

位于布拉格的特马尔住宅（图6-11）是科特拉用英国现代主义设计的第一个住宅，建筑整体形式和捷克乡村房屋相似，在顶棚、楼梯和阳台栏杆上有许多民族图案装饰（图6-12）。两层高的楼梯门厅是这个住宅中最重要的空间，它将人引向内部的厨房、餐厅和客厅。从这个建筑的设计中可以看到英国工艺美术运动代表人物查尔斯·沃塞和麦金托什的影响⑥。

图6-10
白教堂美术馆

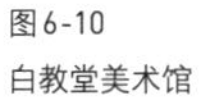

图6-11
特马尔住宅

图6-12
特马尔住宅室内顶棚；特马尔住宅楼梯

⑤ ZÁZVORKA P. Evropan Jan Kotěra [J]. Stavebnictví, 2014 (04) : 18-22.

⑥ 同②，54页。

图6-9
恩斯特·路德维希大厦

在为雕塑家萨奇达设计的住宅兼工作室中（图6-13、图6-14），英国建筑的影响更为明显。该建筑位于布拉格布比奈克地区，于1905—1907年建成。除了特别的木结构墙壁和坡屋顶之外，建筑几乎没有装饰。建筑西侧有一个大型的工作室（后被毁重建），东侧生活区域的空间与特马尔住宅类似，围绕楼梯厅展开。科特拉将包括客厅和起居室的各个独立的房间面向北边的花园来组织（图6-15、图6-16）。另外，建筑中的所有室内家具也都是由科特拉设计的。

图6-13
萨奇达住宅兼工作室

图6-14
萨奇达住宅兼工作室立面图

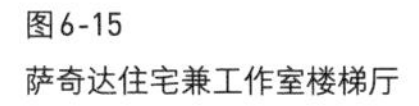

图6-15
萨奇达住宅兼工作室楼梯厅

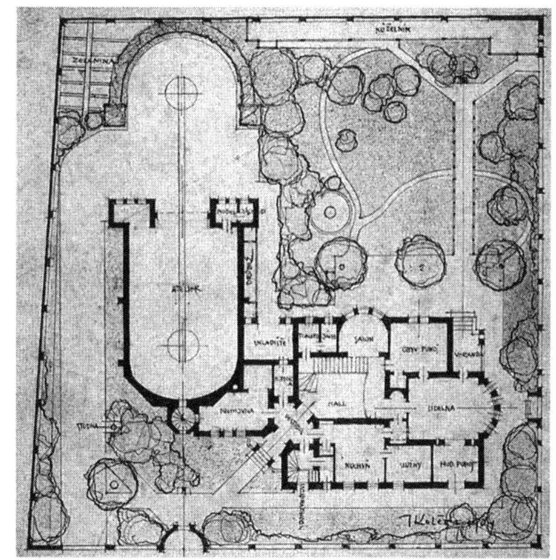

图6-16
萨奇达住宅兼工作室平面图

在这些英式小屋之后，1909—1912年，科特拉设计了与花园城市运动类似的居住区理想模型。在洛乌尼（Louny）工业小镇，科特拉为铁路工人设计了工人居住区，作为远离市中心的卫星城。这是一个非常规的混合居住区，包括带小露台的房子、较大的独立住宅和三层公寓楼。19世纪90年代，位于郊区、带花园、有着精致装修的工作室和生活空间的艺术家住宅在富裕阶层中流行开来，许多花园别墅出现在布拉格的市郊。科特拉认为这种居住模式适合所有人而不只是富人，因此绘制了这个现代化的住宅类型的蓝图：砖砌的住宅有着带窗的坡屋顶以及简单的装饰，分布在弯曲的道路上，所有房子都有足够的花园①。这些设计在1921年发表在了《工人居住区》（*Delnicke kolonie*）上。

在19世纪90年代将建筑设计革命带到布拉格的现代主义建筑师中，扬·科特拉是最具代表的领导人物②。在这一时期，受到环境的影响，科特拉的作品呈现出比较明显的分离派风格，但他在《新艺术论》中提出的革命性的设计给布拉格带来的全新的设计思想，反对了过时的历史主义，特别是年轻一代的建筑师，其中还包括后来战后一代结构主义建筑师，他们认为扬·科特拉是他们的先驱，是现代理性主义和功能主义的代表人物。

① The city in central europe[M]. Routledge，2019：31.

② TEIGE K. Modern architecture in Czechoslovakia and other writings[M]. Getty Publications，2000：110.

除了科特拉的设计实践之外，许多布拉格的老一辈古典主义建筑师也受到了维也纳分离派的影响，其中具有代表性的有奥斯瓦尔德·波利夫卡和约瑟夫·芬达，芬达设计的霍拉霍合唱协会大楼（图6-17）是令人印象深刻的布拉格新风格建筑之一。费里德里希·奥曼的学生阿洛伊斯·德里亚克和伯德瑞克·本德明厄设计的欧洲大饭店（图6-18）成了瓦茨拉夫广场的地标建筑。本德明厄随后还设计了位于乌布拉什纳布拉尼街的公寓建筑（1903—1904年）（图6-19）。这个建筑引发了保守派对现代主义运动的攻击，艺术评论家弗朗齐歇克·西弗·哈拉斯于1904年在《建筑的地平线》（*Architektonicky obzor*）杂志上发表文章《布拉格街道上的现代主义风格》（*Moderna v pražských ulicích*）。哈拉斯认为本德明厄的建筑中光滑的白色墙面、平整的框架、格子和玻璃房的外观非常丑，最令他气愤的是这些元素竟然与15世纪末的哥特式火药塔相邻①。

早期的现代主义风格通常从两个标志性的伸出屋面的瓦格纳式塔开始，将各种建筑元素融入一个开放的框架。独特的曲线应用于建筑的各个角落：建筑的轮廓、檐口、拱、阳台、楼梯、雨篷的形状，以及立面上的装饰。同时，植物纹样使现代建筑从之前的历史主义的老旧形式中解脱出来。来源于民族建筑的纹样在现代主义之初也发挥了类似的作用。在1898—1906年这段时期，这些图案被许

图6-17
霍拉霍合唱协会大楼

图6-18
欧洲大饭店

图6-19
乌布拉什纳布拉尼街的公寓

多布拉格建筑师所使用，与此同时，变化也在悄然发生：从自然的植物图案到强烈的几何图案。

2）走向几何

1906—1911年期间，布拉格的现代主义建筑探索经历了相当大的变化。科特拉在1900年《新艺术论》中提出的真实性、构造性、功能性的设计原则似乎开始被建筑界接受。在此之前，“自然”通常作为一种感性的元素反映在建筑立面装饰上，而这时建筑师们开始探究“自然”背后理性的意义，它包括真实世界中的物理规律，这也是现代主义所表达的。1899年，批评家马德尔认为现代主义建筑是“真实的建筑”，它从“支撑和重量，以及它们的区别、转变、尺寸”出发寻求一个确定的形式，而它的装饰少而精，“发现了真实世界的出发点”[②]。也是在这时，自然主义的植物装饰演变为理性抽象的构造线条，柔和的轮廓被立体几何的体量代替，粗糙的砖墙取代了早期现代主义中装饰着自然图案的光滑白色墙面。瓦格纳的学生安东宁·恩格尔提出了“构造有机体（tectonic organism）”的概念，强调建筑的构造元素，特别是支撑和承重构件：壁柱、柱子和檐口等，同时提出“立面的视觉处理仅限于对构造元素的加强，应遵循所用材料的构造性能仅进行表面装饰。”[③]

扬·科特拉依然是布拉格现代建筑的抽象几何风格的代表人物。1906—1907年，科特拉开始摆脱早期维也纳分离派的植物装饰趣味，使用裸露的清水砖墙，强调构造的真实性。从1906年开始，科特拉设计了位于巴洛娃街的水务工程的一系列建筑，包括伏尔塔瓦河上的一个水泵站以及周围的3个附属建筑，这是科特拉设计的少数城市公共项目之一（图6-20~图6-22）。水塔高60米，立面全部由砖砌体构成，顶部的蓄水池上有一个铜制的屋顶。砖塔突出的结构元素遵循了瓦格纳的真实表达原则[④]。

科特拉设计的东波西米亚城市赫拉德茨-克拉洛韦市博物馆（图6-23~图6-25）是他最重要的实现项目之一[⑤]。虽然博物馆在1880年

① SVACHA R，DLUHOSCH E，FRAMPTON K. The architecture of new Prague，1895-1945[M]. Mit Press，1995：54-58.

②③④ 同①，62-65页。

⑤ ŠVÁCHA R. Poznámky ke kotěrovu muzeu[J]. Umění，1986 (34)：171-179.

图6-20
水塔

图6-21
水塔入口

图6-22
水塔细节

已经成立，但它的建筑直到20世纪才开始建造。在城市的历史中心区找到合适的基地后，委员会委托科特拉进行这个博物馆的设计。这个项目要求纪念性的大尺度，科特拉在1907年提交了第一个方案，设计中建筑立面带有许多装饰性元素，然而这个方案因为造价高昂而被放弃。因此，在接下来的几个月中科特拉对细节进行了修改，去掉了装饰部分，建筑也因此增强了本身的纪念性。“但是我已经极大地简化了装饰，”为了降低造价，科特拉在1908年6月的方案中写道：“大部分空间组合和形态已经不能改了，因此只能使用更便宜的材料来进行简化设计。为此，我只能尽可能少地使用石材，大部分使用砖墙表现，而其他区域只有粗糙的抹灰。”这个新方案于1908年获得通过并于1909—1913年进行施工建造。建筑一共4层，一层包括一个大前厅、能容纳200人的报告厅、办公室、阅览室和衣帽间，二层和三层是展览空间，四层是摄影工作室。建筑平面是动态的、非对称的，类似于赖特的“自由平面”的概念（图6-26）。科特拉似乎有意将这个建筑设想为一个圣殿，其有着拉丁十字形状的平面、暗示主体承重体系的多边形的中央大厅、圆形穹顶和一侧的纪念性入口都体现了这一点①。建筑外立面红砖和浅色粉刷墙面形成对比，建筑材料本身体现了建筑的真实性。尤其是建筑的后立面，简单而纯粹的砖墙面和上方的轻钢阳台，这个立面似乎能让人联想到后来格罗皮乌斯的包豪斯建筑②。室内装饰依然是由科特拉和他的朋友画家普雷斯勒以及雕塑家雅罗斯拉夫·霍雷茨、萨奇达共同完成。除此之外，科特拉还设计了建筑周边的喷泉、步道和花园。

图6-23
赫拉德茨－克拉洛韦市博物馆远景

图6-24
赫拉德茨－克拉洛韦市博物馆

图6-25
赫拉德茨–克拉洛韦市博物馆室内

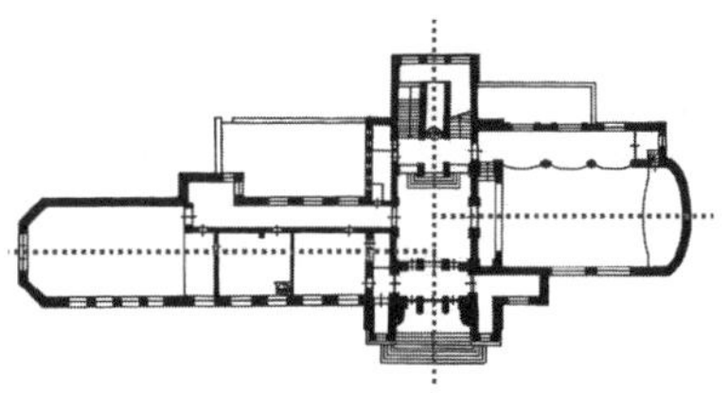

图6-26
赫拉德茨－克拉洛韦市博物馆平面分析

① RAGVILOVÁ Z. Czech art nouveau architecture in the cities of Prague, Brno and Hradec Králové[D]. I Coupdefouet International Congress, 2015: 6.

② TEIGE K. Modern architecture in Czechoslovakia and other writings[M]. Getty Publications, 2000: 100-103.

1908—1909年，科特拉同时修建了他的自宅兼工作室（图6-27、图6-28）和他为出版商扬·莱赫特设计的大楼（图6-29、图6-30）。两者都表现出了极致的现代性和国际性特征。在自宅的设计中，科特拉受到了霍夫曼的影响，同时加入了自己对现代居住生活的想法[①]。建筑非对称的构成实现了完美的平衡，小的窗户精确而严格地按照功能放置，装饰被简化和减少，立面依然是科特拉典型的砖墙，砖基底到粗抹灰墙面之间的颜色过渡也十分微妙[②]。莱赫特大楼位于肖班诺瓦街，其中包含了住宅空间和小型出版公司的办公空间。建筑整体由纯粹的水平和垂直线条构成，二层向前突出一个体块，砖块裸露在外，仔细看才能发现简单的装饰图案，材料得到了真实的表达。可以说，科特拉自宅兼工作室和莱赫特公寓是当时欧洲极为现代和重要的建筑，完全去除了装饰，形式简洁而具有可塑性，也成了捷克现代主义建筑的里程碑[③]。

图6-27
科特拉自宅兼工作室（一）

① ZÁZVORKA P. Evropan Jan Kotěra [J]. Stavebnictví, 2014 (04) : 18-22.

② SVACHA R, DLUHOSCH E, FRAMPTON K. The architecture of new Prague, 1895-1945[M]. Mit Press, 1995 : 65-70.

③ TEIGE K. Modern architecture in Czechoslovakia and other writings[M]. Getty Publications, 2000 : 99.

图6-28
科特拉自宅兼工作室（二）

图6-29
莱赫特公寓

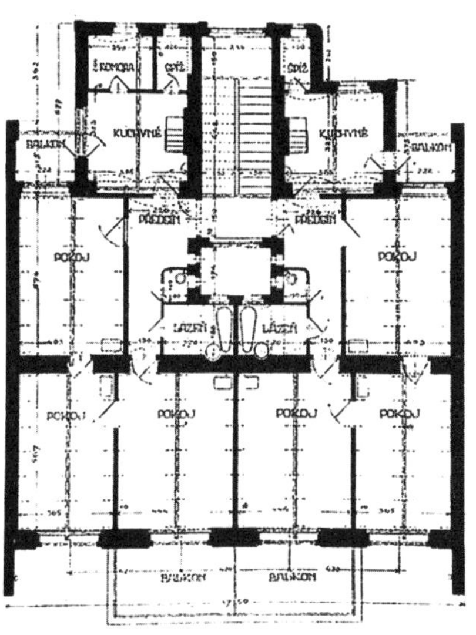

图6-30
莱赫特公寓平面图

1912—1914年期间，受到捷克立体主义的影响，科特拉的建筑局部也呈现出极为克制的立体主义元素①。1912—1913年，科特拉为音乐出版商莫伊米尔·乌尔巴内克设计了莫扎特大楼（图6-31），建筑位于约曼诺娃街，这个商业公共建筑也成为科特拉设计生涯的顶峰②。建筑正立面下方是一个混凝土的框架，上方是一个三角形的坡屋顶，立面的构成与彼得卡公寓有类似之处（图6-32、图6-33）：垂直方向上分为三份，底层作为商业空间向街道敞开。上部4层公寓楼层砖墙在立面上逐层后退，表面的混凝土框架相应地逐层扩大，形成立面上的三角形，加强了水平和垂直的线条感。在建筑的后方平屋顶上，科特拉设置了一个屋顶花园作为乌尔巴内克公寓的露台（图6-34）。其中，建筑还包含一个音乐厅，室内也由科特拉设计。建筑一层入口处还装饰着雕塑家扬·什图尔萨的浮雕作品。另外一个受到立体主义影响的建筑是位于拉辛河堤的综合养老金机构大楼（1912—1914年）（图6-35），在建筑立面檐口、栏杆、窗户的设计中可以依稀看到黑色马多拉大楼的元素（图6-36、图6-37）。

图6-31
莫扎特大楼

图6-32
莫扎特大楼立面图

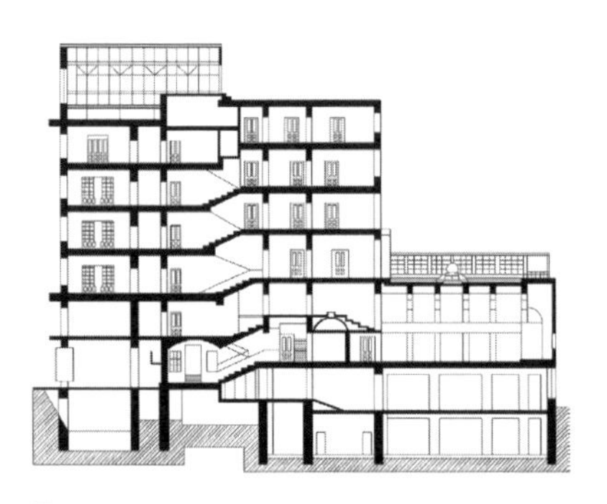

图6-33
莫扎特大楼剖面图

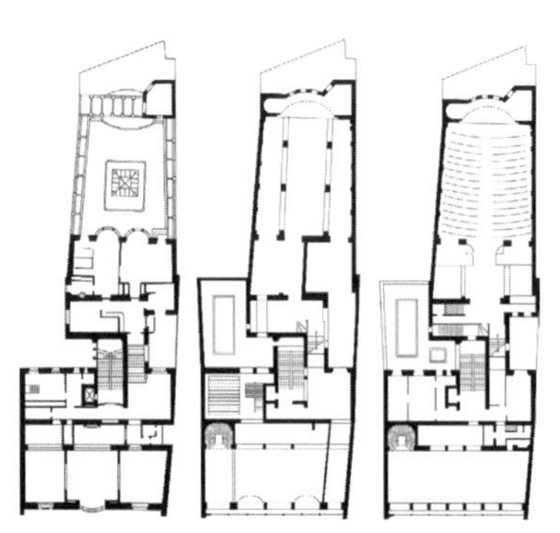

图6-34
莫扎特大楼平面图

① TEIGE K. Modern architecture in Czechoslovakia and other writings[M]. Getty Publications, 2000: 103.

② SVACHA R, DLUHOSCH E, FRAMPTON K. The architecture of new Prague, 1895-1945[M]. Mit Press, 1995: 70-74.

图6-35
综合养老金机构大楼

图6-36
大楼细节

图6-37
大楼入口

科特拉这个时期的空间设计中也有新的创造。科特拉在对1904年圣路易斯世界博览会展馆的评论中描述了一种特别的空间类型："中央大厅……位于别墅的中央并被顶部天窗照亮。"（图6-38）这种空间类型的原型可能是艺术画廊和艺术家工作室，它们有相同的顶部照明设计。目的是为艺术创作和展示提供最好的照明，科特拉同时代的许多艺术家和学者这样设计了他们的住宅，科特拉将这样的印象留在了脑海中。科特拉自宅的会客厅是这种封闭空间的典型例子，透过顶部玻璃窗的光线填满了整个空间使其具有一种神秘的氛围，将世俗隔绝在外。墙上普雷斯勒的画作和科特拉设计的家具也增强了这个空间的氛围①。

图6-39
斯坦斯公寓

建筑师们也开始意识到"空间"这个独立的概念，它变得与墙面装饰和建筑构造同样重要。这一时期，建筑的平面大多保留了三开间的布局，生活空间沿着建筑的一侧布置——在科特拉自宅中全都朝向花园，在莱赫特大楼和莫扎特大楼中朝向街道。在后期的建筑中，这个布局启发了科特拉利用大的开敞空间，例如餐厅、起居室和会客厅来分隔单独的房间，并将它们组合在一个节奏有序的空间整体中。除了内部空间的进一步整合，内部活跃空间向建筑外部的扩展也是一种趋势。莫扎特大楼底层的开放式空间就是一个明显的例子②。

图6-38
科特拉自宅会客厅

① SVACHA R, DLUHOSCH E, FRAMPTON K. The architecture of new Prague, 1895-1945[M]. Mit Press, 1995: 70-74.

② 同①，74页。

③ 同①，77页。

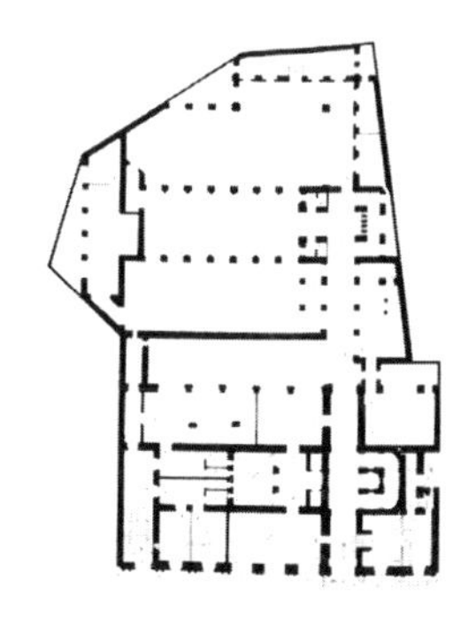

图6-40
斯坦斯公寓平面图

科特拉的学生诺沃提尼对空间也颇有研究，他在1915年的研究《和谐与混乱》（*Shody a rozpory*）厘清了“空间的形式”“充满生活的空间”“空间有机体”“充满生机的空间”和“空间的精神”等概念。同时还阐述道：“如果空间确实是因空的部分而存在，那么边界元素将失去其重要性。”③诺沃提尼在布拉格的作品之一是为艺术出版商扬·斯坦斯设计的位于萨尔瓦多罗斯卡街的公寓（1909—1911年）（图6-39~图6-40）。建筑立面分为三个部分，底层是白砖砌成的连续壁廊，中间是纯粹的红砖墙面和依次排列的矩形窗，顶部是弧形玻璃棚。红砖墙面被分为左右两个部分，两边的窗户有着不同的韵律，右边还有一个红砖挑出的阳台。在建筑的平面设计中，大空间被一个走廊划分，并通过一个宽大的窗户通向庭院。

科特拉另一位优秀的学生约瑟夫·戈恰尔也完成了许多优秀的作品，其中包括1910年完成的位于赫拉德茨–克拉洛韦的历史中心圣玛丽亚教堂的钢筋混凝土楼梯，以及1910—1911年完成的位于东波西米亚城镇亚罗梅日附近的温克百货商店，这个建筑的玻璃立面从建筑主体突出出来（图6-41）。1901年，布拉格民众对戈恰尔的老城市政厅的完善计划感到震惊，戈恰尔的设计是一个阶梯式金字塔。“我的市政厅大大改变了老城区的天际线”，戈恰尔在杂志《风格》

图6-41
温克百货商店

中天真地承认，甚至有点儿骄傲[①]（图6-42）。

除了科特拉和他的学生，几何现代主义风格也被一些同样在瓦格纳手下学习的年轻人所接受。在多产建筑师博胡米尔·希普什曼的作品中，值得一提的是位于民族大街上的马捷约夫斯基公寓（图6-43），立面上突出三个棱柱穿过悬挑的檐口。类似的形式在位于西罗卡街的犹太葬礼兄弟公寓（1910—1911年）（图6-44）上也有所体现。杰出的城市规划师安东宁·恩格尔在第一次世界大战之前只有两个建筑得以实现：位于乌斯达里奥赫比托娃街的公寓大楼（1910—1911年），其表面装饰极其简朴，以及邻近布雷霍瓦街的家庭住宅（1913—1915年），看起来像是由实心块组装起来的。瓦格纳的另一位在布拉格工作的学生弗兰提斯克·罗伊斯设计的位于河岸拐角处的公寓（1911—1912年）也是这种风格[②]。

在瓦格纳众多门徒中占据一个特殊位置的是帕韦尔·亚纳克，一位杰出的建筑理论家，他的思想在当时就已经围绕着功能和构造元素展开。1909年，他加入老城市政厅竞赛，他的方案是基于文艺复兴凉廊的传统主题，它环绕老城广场的整个西北角，屋顶下的檐

图6-42
戈恰尔的老城市政厅设计

图6-43
马捷约夫斯基公寓

① SVACHA R, DLUHOSCH E, FRAMPTON K. The architecture of new Prague, 1895-1945[M]. Mit Press, 1995: 81.

口有着丰富的装饰。在1909年至1911年赫拉夫卡大桥（图6-45）的重建项目中，亚纳克对构造的控制变得更加明显。亚纳克的桥上细腻的装饰和流动的曲线，不仅捕捉到了瓦格纳现代风格早期的抒情，还有内在的“灵魂”。

图6-44
犹太葬礼兄弟公寓

图6-45
赫拉夫卡大桥

② 同①，81、82页。

1911年，布拉格的两所建筑学院加入了现代风格：科特拉所在的美术学院和从1911年由瓦格纳最知名的学生之一也是科特拉亲密的朋友约瑟普·普雷其尼克领导的应用艺术学院的建筑系。然而，在布拉格捷克理工大学，直到1914年建筑课程仍然十分保守，从那里毕业后跟随瓦格纳学习的约瑟夫·霍霍尔将其描述为一个“顽固反应的温床”。然而，理工大学的教授也容忍了学生的激进，他们中的许多人在毕业前就已经对现代风格感兴趣，离开学校后更成了热情的支持者。其中包括特奥多尔·彼得里克，鲁道夫·斯托卡，弗拉迪斯拉夫·马丁内克，博胡米尔·科扎克和约瑟夫·罗西保。罗西保的米拉迪霍拉科维街上的孤儿院（1912—1913年）这个平屋顶方盒子建筑表明他已经掌握了霍夫曼的维也纳风格的关键，甚至可以被瓦格纳的学生所羡慕。几何现代风格的一些有趣的建筑也是由老一辈的建筑师设计的，例如欧曼的学生阿洛斯·德瑞克，伯德瑞克·本德明厄，以及一些施工方和开发商如瓦茨拉夫·哈维尔（剧作家，总统），弗朗齐歇克·诺沃提尼和马泰·布莱哈，他们的建筑

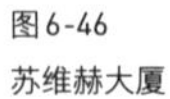
图6-46
苏维赫大厦

图6-47
卢塞恩宫

图6-48
维也纳银行联盟大楼

仍然以他们的艺术品质和创造性的概念而让人印象深刻。在1907年至1921年间，瓦茨拉夫·哈维尔建造了位于伏迪奇科娃和斯泰潘斯卡之间的宏伟的卢塞恩宫（图6-46）。马泰·布莱哈（当然，包括在这期间为他的公司工作的建筑师）的最佳设计之一，是位于瓦茨拉夫广场的卡洛斯药店（1911—1913年），成功模仿了科特拉的风格，以及位于瓦茨拉夫广场和斯泰潘斯卡街的一角的大型苏维赫大厦（1913—1916年）(图6-47)。奥塔卡尔·诺沃提尼在1915年的杂志《自由的方向》中批评了后者，将其描述为一个“建筑怪物，一个摆着令人厌恶的夸张姿势的庞然大物”，但他的批评似乎并不完全妥当。尽管它尺度庞大，建筑物的正立面仍是巧妙而有韵律的，其最显著的特征是位于街角的类似一个巨大球体一样的圆顶。

理性主义，几何建筑现代风格的第二阶段提出了几个逻辑上发展的可能性。早在1910年之前，就有一种对传统主义重新解读的倾向。在这种思想的指导下，形式上与古典元素融合，特别是新巴洛克风格和新古典主义，代替抽象的“支撑和重量”，几何现代风格建筑出现了古典特征如门楣、门廊、柱、柱头。约瑟夫·扎斯赫的作品最能证明这一倾向。扎斯赫曾在维也纳学院跟随瓦格纳的前辈卡尔·冯·哈森瑙尔学习，他倾向于新文艺复兴时期的风格，但是他也开始对维也纳现代运动感兴趣，并很快地受到了瓦格纳和霍夫曼的影响。杂志《自由的方向》称赞了扎斯赫在1906—1908年的位于纳普日科佩街的维也纳银行联盟大楼（图6-48）：“因简洁而宏伟，因均衡而壮丽”。这座建筑闪亮的石材立面和美丽的白金色内部成为布拉格几何现代风格的一个成功之作。

几何现代风格另一个潜在的发展方向，在战前时期是显而易见的，包括加强构造层次，强调建筑作为“构造有机体”的概念，建筑外部受其影响具有突出的构造特征。这种倾向开始于科特拉的莱赫特住宅以及位于斯图德尼奇科瓦街的赫拉瓦病理学研究所（1913—1920年）（图6-49、图6-50），它是毕业于维也纳理工学院的阿洛伊斯·斯巴莱克的作品。建筑整体是按功能构成的方法设计的，朝向街道的前立面有着巴洛克式宫殿的氛围，但后方使用大型金属框架的凸窗，解剖室有着20米宽的带形窗。在第一次世界大战之后，这种方法受到了许多布拉格建筑师的欢迎，他们可能对纯粹主义和功能主义的“新建筑”没有什么热情，但他们仍然希望自己的作品被视为现代的。

帕韦尔·亚纳克对瓦格纳现代风格的几何性质提出了另一个解释。亚纳克称，这个风格包括穿透“事物不变的核心”，即棱柱和立方体的几何形状，它是“所有形式的本质”，他认为几何形式应该是完全纯粹的。这可能为理解由亚纳克的朋友约瑟夫·戈恰尔未实现的波多里疗养院（1909—1910年）提供了基础。这个建筑主体部分由光滑的白色立方体组成，屋顶是平屋顶。在开展这个项目时，戈恰尔可能参考了霍夫曼普克斯多夫疗养院（1903—1904年）（图6-51）中相似的光滑白色墙壁。然而，戈恰尔的创新主要在于由科特拉推动的整个建筑的功能不对称构成，以及似乎预示着未来发展的细节，如塔的带形窗、主入口上倾斜的混凝土雨篷、三栋楼最高楼层的圆窗。戈恰尔的项目仍然相当孤立，五年之后，约瑟夫·霍霍尔以此为出发点设计了一些立面和工厂。然而，它的艺术意义直到20世纪20年代一直没有被布拉格的建筑所吸收。

以几何现代风格设计的一些建筑与二十年代的纯粹主义和功能主义建筑之间的相似之处使得一些艺术史学家能够追溯到纯粹主义—功能主义时代的开始——二十世纪的第一个十年。支持关于“建筑界的纯粹主义和功能主义出现在第一次世界大战之前”这一假设的主要论据通常在瓦尔特·格罗皮乌斯（1883—1969年）的战前设计中可以找到，其金属和玻璃的建筑预示着未来的发展。还

① SVACHA R, DLUHOSCH E, FRAMPTON K. The architecture of new Prague, 1895-1945[M]. Mit Press, 1995: 93-97.

可以指出的是维也纳的阿道夫·路斯（1870—1933年）和加利福尼亚的欧文吉尔（1870—1936年）的作品，他们首先提出了完全裸露的，无装饰的平屋顶建筑，同样指出了建筑的未来发展方向。捷克纯粹主义功能主义先锋派的第一批出版物之一，选集《生活》(1922年)，出现了一张科特拉自宅的照片，同年发表的第一卷功能主义杂志《建造》，封面是斯巴莱克的赫拉瓦病理学研究所。

尽管不能否定布拉格现代建筑师设计的一些项目，特别是戈恰尔的波多里疗养院，在当时那个时代是代表未来的建筑，但总的来说，布拉格的几何现代风格绝非创造出了鲜明的新风格，有着功能主义趋势的个人设计手法尚未成功地产生新的风格。在整体上，几何现代风格的风格特征，包括科特拉一批人的作品；与功能主义不同，他们反对自身的建构性和物质性，支持纯粹功能主义建筑的非物质化和空间主义；反对建筑师工作的概念作为普遍适用的建筑规则的个体表现，支持类型化和标准化的功能主义倾向；反对建筑是艺术，而认为建筑是科学。但最重要的是，布拉格几何现代风格与纯粹主义功能主义“新建筑”之间存在风格上的空隙，后者的意义不在于现代主义风格的逻辑发展，而在于其根本的否定[①]。

图6-49
赫拉瓦病理学研究所正立面

图6-50
赫拉瓦病理学研究所背立面

图6-51
普克斯多夫疗养院

2

分离派的演变：捷克的立体主义建筑[①]

1）立体主义

20世纪初扬·科特拉、约瑟夫·戈恰尔、奥塔卡尔·诺沃提尼和帕韦尔·亚纳克的作品使捷克现代建筑与当时欧洲最新的建筑潮流接轨。而属于捷克建筑的光辉时代——创造自己独特的现代建筑风格而不仅是重塑外来风格的时代即将到来。1909年左右，布拉格的一些现代主义建筑师开始反对扬·科特拉，其中之一是帕韦尔·亚纳克。1910年，亚纳克在建筑杂志《风格》中发表文章认为瓦格纳和科特拉建筑的简朴语汇不再适应当代美学和感性的要求。现代主义运动，或更准确地说是几何现代主义风格，在亚纳克看来太乏味，太具有社会意识，太屈服于共同利益；因此它太实用、太物质主义，它的物质性缺乏精神价值和美感。

当亚纳克在1910年提出他的反对意见时，他还只是希望丰富科特拉的简朴的几何风格，使其更具诗意、表现力和戏剧性。1909年在亚纳克和戈恰尔完成的老城市政厅设计中，斜面和曲线的形式开始变得突出，失去了瓦格纳和科特拉的纯粹性。同样的特征也在弗拉斯提斯拉夫·霍夫曼和约瑟普·普雷其尼克的设计中有所体现，亚纳克将普雷其尼克尊为“可塑的形式的艺术家……一种异国情调和非正统的浪漫主义”。而后来布拉格艺术界的革命激发了亚纳克原本更广泛的计划。年轻的布拉格画家博胡米尔·库比斯塔和艾弥儿·斐拉以及雕塑家奥托·古特弗洛因德，于1910—1911年在巴黎了解到了毕加索和乔治·布拉克的立体主义，并逐渐开始将立体主义元

① SVACHA R, DLUHOSCH E, FRAMPTON K. The architecture of new Prague, 1895-1945[M]. Mit Press, 1995: 100-141.

素应用于他们自己作品的表现中。在1910—1914年间，他们的朋友，艺术史学家文森斯·克拉马尔通过巴黎经销商克洛维斯·萨哥和亨利·卡恩维勒获得了毕加索和布拉克的立体主义画作。1911年，斐拉、古特弗洛因德、克拉马尔等人创立了视觉艺术家小组，建筑师亚纳克、戈恰尔、霍霍尔和霍夫曼也加入了这个组织。

亚纳克对立体主义的独特诠释让他从新建筑的概念中排除了所有与几何现代风格有关的元素，只留下他与戈恰尔和霍夫曼一起最初用来丰富自己表现风格的元素。“现代主义本能地限制自己的形式手法”——弗拉斯提斯拉夫·霍夫曼在由视觉艺术家小组创建的杂志《艺术月刊》中如此描述——“但同时它更强调了形式的逻辑”。几何现代风格的正交体系被一个由对角线或三角形构成的体系所取代，瓦格纳的立方体也让位于锥形，棱锥和各种斜面形式。在1912年发表在《艺术月刊》的文章《棱镜与棱锥》(*Hranol a Pyramida*)中，帕韦尔·亚纳克认为几何现代风格的正交性和构造性的特征反映了其对物理规律的依赖性，新的立体主义风格的棱锥和斜角则表达了人类精神的活跃性和创造性。在亚纳克看来，物质被认为是一个整体的、被动的、死亡的物质，不应该强调其表面纹理，更不用说对它进行装饰，而在科特拉的作品中，即使是相同的表面，其表现形式仍然是相当多样的。艺术家的创造力能够给这种没有生命的物质注入灵魂，通过各种压折方法对其重新塑造，正如雕塑家奥托·古特弗洛因德在未发表的文字中所写的那样。

立体主义建筑师们意识到，单纯地将立体主义的方法从绘画转变成建筑，会让人认为太过刻意。因此，他们强调时代精神是其建筑设计的来源，这些设计的根据是在他们读过德国艺术理论家威廉·沃林格和奥地利艺术史学家阿洛伊斯·李格尔的作品后发展出来的。立体主义建筑与捷克宝贵的历史和谐融合的非凡能力，让立体主义建筑得到了更多的讨论。亚纳克、戈恰尔、霍霍尔和霍夫曼都是支持老布拉格俱乐部的活跃成员，这个捷克艺术家和知识分子的组织成立于1900年，反对斯塔雷梅斯托和约瑟夫城计划的现代化建设。这些建筑师向俱乐部的大会项目提交相关的历史建筑和纪念碑的翻新工程，并在当时成为这一领域的专家。他们在设计中拒绝对历史建筑风格进行模仿：亚纳克认为这种做法是“非常不道德的”，其他的立体主义者的观点也几乎没有区别。但是他们更多地集中在对建筑传统的研究上，他们通过这些传统了解建筑的普遍规律，从而运用在他们的作品中。

布拉格立体主义建筑的理论领袖帕韦尔·亚纳克是当时最接近布拉格巴洛克风格传统的建筑师，“将整个形式从原始的古典形式转变成了戏剧性的斜面形式”。亚纳克试图将巴洛克式的手法与毕加索的分析立体主义相融合，立体主义画家将物体解构成面，以及在这些物体之间注入空间的方法提升了亚纳克的想象力。在亚纳克的文章《论家具和其他物质》(*O nábytku a jiném*)中，他写道：“建筑表面、立体的折叠、分解和晃动成为一种内在的物质和外在的空间的混合物。”之后，亚纳克将他的想法在他的郊区别墅、纪念碑以及在伊钦、库特纳霍拉和佩尔赫日默夫建造的联排住宅中付诸实践(图6-52、图6-53)。1913年至1914年，在帕尔利莫维镇历史悠久的广场上，他用立体主义方法重建了一座古老的巴洛克风格的房子——法拉大厦(图6-54)。但在布拉格，亚纳克并没有此类建筑方案得以实施，只设计了一些立体主义家具、灯具和陶瓷。亚纳克那些未实现的立体主义建筑项目似乎更有名，其中最著名的设计是他在1913年公开竞赛中提交的波希米亚民族英雄扬·杰式卡的纪

图6-52、图6-53
雅各布家族别墅(伊钦)

图6-54
法拉大厦

念碑（图6-55）。亚纳克设计的构成基础是矩形基座上互相穿插的棱锥。纪念碑的长边被刻划成空间和物质的混合体，而在狭窄的正面，亚纳克放置了一个以立体主义风格呈现的扬·杰式卡的人像。

亚纳克设计的主要特点是水平伸展的立面，建筑表面表达建筑的内部空间。这个观点在亚纳克的文章《立面更新》中得到了阐述。而另一个重要的布拉格立体主义建筑师弗拉斯提斯拉夫·霍夫曼则认为建筑空间不应该被剥夺其三维属性，而这种三维空间感在他的设计中有明显的体现，其中央平面形式是正多边形或细长的多边形。如果说亚纳克倾向于巴洛克风格，那么霍夫曼则更倾向于哥特风，尤其是其中的构造细节。他也对简朴的新古典主义建筑和工业建筑感兴趣，他欣赏这种"清晰而锋利的表现"。霍夫曼唯一实施的立体主义项目是1912—1915年在达布利茨卡街上的布拉格市政公墓的墙壁和大门（图6-56），然而与原始设计相比，这个项目被大大简化了。它的双子亭受哥特式中央小教堂启发，中间的大门证明了在立体主义建筑师的手中，最简单的混凝土框架可以有多么强大的表现力。

虽然霍夫曼提及过他对新古典主义建筑的兴趣，但这一倾向在他的设计中并不明显。但"传统的，沉重的新古典主义"在约瑟夫·戈恰尔的立体主义作品中的影响却显而易见，这样不寻常的风格混合，在戈恰尔的手中很少引起矛盾的出现，与其他捷克立体主义者不同，戈恰尔为他的作品写过文章，也没有提出任何理论，但是在

图6-55
扬·杰式卡纪念碑的设计

图6-56
布拉格市政公墓大门

图6-57
波赫丹内茨温泉洗浴中心

一个关于波赫丹内茨温泉洗浴中心（图6-57）及其周围景观项目的采访中，他承认这个设计的灵感来源于弗朗齐歇克矿泉村的新古典主义建筑。戈恰尔在布拉格实现的两个立体主义设计也体现了同样的灵感来源，提霍诺娃街的斯达赫与霍夫曼住宅，建筑白色的光滑立面没有了立体主义常见的变形，却多了两个门廊，而入口的立体主义装饰看起来是次要的。布拉格立体主义的重要成就之一是戈恰尔的黑色马多拉大厦（图6-58、图6-59），位于欧沃茨尼市场和彻雷特拉大街的转角。三角形和棱锥的立体主义美学在建筑的轮廓中得到体现，成角度的立面以及许多精湛的细节也有所回应，而三层窗楣上的凹槽和檐口的整体构成给人新古典主义的印象。建筑保留了从科特拉现代风格中继承的骨架特征，大的窗户将室外空间引入室内。

图6-58
黑色马多拉大厦楼梯

图6-59
黑色马多拉大厦

约瑟夫·霍霍尔可能是奥托·瓦格纳最任性的学生。他的立体主义形式是通过布置网格的方法确定的，其中霍霍尔标记了建筑表面将被折叠的点。这个原则在1912—1913年的位于拉辛河堤的三联排住宅（图6-60、图6-61）中没有充分体现，立体主义形式尚且沿着巴洛克式的中央前亭和山墙的线条设计。而在利波西那街的科瓦诺维茨别墅（图6-62）设计中，霍霍尔实现了几乎纯粹的立体。在1913—1914年的内科拉诺娃街的公寓大楼（图6-63）中，他将原来的概念进一步复杂化。 拉辛河堤和内科拉诺娃街上的建筑主要是竖直线条，给人一种柱子的秩序感。地下室和檐口被重点塑造，拐角阳台上细长的柱子看起来似乎是从哥特式教堂转化而来，有着钻石般雕刻的细节。

立体主义建筑的锯齿状的构造细节反映了立体主义建筑师与物质的斗争，同时，这也是他们对建筑的视觉影响的思考。根据亚纳

图6-60
三联排住宅（一）

图6-61
三联排住宅（二）

克的“正面”原则，建筑的表面向外面向几个不同的角度，并如分析立体主义表现的那样进行拆分和变形。不管从哪个方向上看，霍霍尔的建筑立面上都有正对着的面，与此类似，戈恰尔的黑色马多拉大厦的立面也朝向两个视角展开。在科特拉几何现代风格中建筑物按照客观的物理规律建造，而立体主义建筑将建筑变成了主观的视觉印象。

图6-62
科瓦诺维茨别墅

图6-63
内科拉诺娃街的公寓大楼（一）

立体主义变形的起源应该不只是视觉上的。人们欣赏立体主义建筑可能是因为它们能够融合哥特、巴洛克或新古典主义风格而不是单纯的模仿，它们通过抽象的构成形式唤起了这个时代的某种情感特征。1912年，帕韦尔·亚纳克提到了通过斜面和棱锥形立体形式唤起“戏剧性感觉”的可能性。同时，弗拉斯提斯拉夫·霍夫曼也思考了“存在于形式中的感性的新内容”，而约瑟夫·霍霍尔在1913年为建筑期刊《风格》翻译了德国“同情审美”的重要倡导者特奥多尔·李普斯的文章，展现了他对“激动地感受和呈现的整体形式”的建筑风格的倾向。

这些思想及其在布拉格建筑师作品中的呈现，使捷克建筑立体主义与该时期的其他建筑发展方向接近，例如意大利和俄罗斯未来主义，特别是德国表现主义建筑。立体主义建筑师在1914年科隆的制造联盟展览上了解了表现主义建筑。不过，捷克立体主义建筑在这之前几个月已经出现在德国的艺术杂志上。1913年，柏林的表现主义评论家维克多·沃勒斯坦在装饰艺术期刊上广泛报道了亚纳克和戈恰尔的作品，霍夫曼的许多项目也在第一次世界大战期间发表在杂志《狂风》和《行动》上。与表现主义的设计相比，捷克立体主义建筑似乎在风格上更纯粹，但没有太多的扩展。在捷克，他们没有像诗人保罗·舍勒巴特一般给德国表现主义者带来玻璃和光的灵感的人。而捷克建筑师也很少有机会实现空间方面的新想法，创造出能够表达新立体主义美学的空间，就像德国表现主义的空间成就一样：布鲁诺·陶特的科隆的玻璃馆（图6-64），汉斯·普尔希位于柏林的大剧院（图6-65），沃尔特·武尔茨巴赫的柏林斯卡拉酒吧（图6-66）。

捷克立体主义者与扬·科特拉和奥塔卡尔·诺沃提尼一样将空间作为一种艺术类型。1912年，帕韦尔·亚纳克提到了“情感的空间表达”，在1913年的霍霍尔的文章中也提到了建筑的“空间性”。最关心建筑空间问题的弗拉斯提斯拉夫·霍夫曼在1913年提出了“纯粹实在的和创造性的几何体空间感”是建筑的基础，并于1915年提出了“空间的自助功能”的观点，然而帕韦尔·亚纳克在他在

1912年的文章《论家具和其他物质》中反驳了这一观点，公寓中的一切都给人一种“箱子”的印象，也就是说，一切都是矩形的，并开始探索更具可塑性和戏剧性的内部建筑空间。然而一年后，他在文章《立面更新》中走向了错误的方向，认为建筑的内部三维空间是一个简单的存在，它的功能是为更具艺术性和精神性的创造提供条件，即对房间的墙体进行“表面的空间性构成”的塑造。

图6-64
玻璃馆

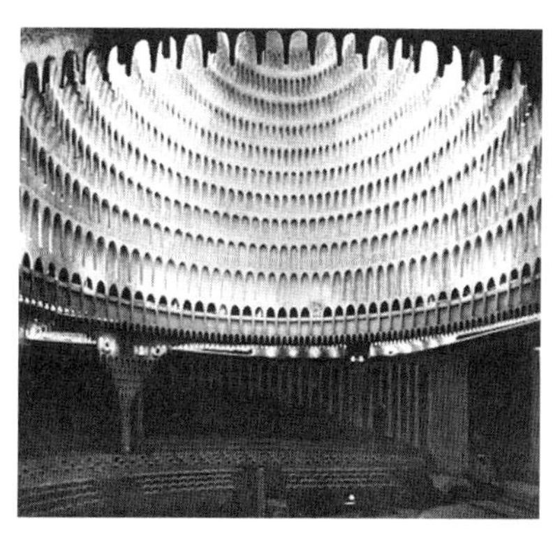

图6-65
大剧院

图6-66
斯卡拉酒吧

然而亚纳克在他的素描和绘画中并不教条（图6-67），在这些绘画中，他试图表达立体主义下的新空间形式。他在1912年至1913年期间的草图展现了一种立体顶棚的空间类型："从内部观看的水晶"。为了实现这一点，亚纳克1909年在后哥特式室内拱廊以及扬·桑迪尼的巴洛克—哥特式教堂室内中找到灵感，将他的立方主义中的斜面和刻面方法，转化到三维体系中。然而，没有一个捷克立体主义建筑师有机会被委托设计能将这种新的空间类型融入的建筑，除了霍霍尔在他的公寓楼走廊中使用的微小拱形顶棚，以及在1912年至1913年间，由达涅克·基塞拉设计的卡尔马里茨卡街上的街区公寓的同一主题的装饰。

唯一实现的亚纳克的立体主义顶棚的例子是亚纳克和戈恰尔在市政厅展厅设计的一个拱形天花板，展厅里展示着视觉艺术家小组在1912年至1914年之间的作品。在这些立体主义顶棚下，可以看到许多著名的作品，包括捷克和法国立体主义者的绘画和雕塑，由亚纳克、霍夫曼、戈恰尔和霍霍尔设计的立体主义家具。立体主义的整体设计的风格纯粹性几乎也非常严格不妥协以至于排除了与不同风格的艺术协调的可能性。

科特拉现代主义风格的目标是改善和改革捷克社会，而立体主义者在他们的文章中常常表达他们对远离社会的渴望。最重要的是，他们拒绝任何对艺术的奴役。亚纳克在他的文章《论家具和其他物质》中写道："新艺术被提升到人与自然之上，并将其描述为'除了其本身没有任何其他义务的独立活动'。"一年之后，约瑟夫·霍霍尔也提出了类似的观点，即"真正的艺术永远不会试图去取悦别人或是因受到关注而感到压力，除了自身的规律外，它不受其他任何影响"。立体主义建筑师当然知道他们不能完全放弃观众。但是他们也很满意只为能欣赏新艺术的人进行设计，以实现没有妥协的纯粹的形式。

保守的建筑师和批评家们对"立体主义的疯狂舞蹈"感到愤怒，1913—1914年，立体主义在《建筑的地平线》《现代评论》《工作》等期刊上遭到攻击，并被一部分公众强烈谴责。但立体主义者们也找到了他们的客户，越来越多的建筑师开始将立体主义视为艺术展现

图6-67
亚纳克的草图

的机会。弗拉迪米尔·富尔特纳、彼得·克罗佩切克、切纳克·瓦罗赫、卢德维克·基塞拉、伯德瑞克·福伊尔施泰因等人在1912—1913年加入了立体主义的行列。遭到立体主义建筑师反对的扬·科特拉所设计的位于拉辛河堤的综合养老金机构大楼，也在一定程度上模仿了他的学生约瑟夫·戈恰尔设计的立体主义黑色马多拉大厦的一些细节。装饰性的立体主义语汇很快就开始出现在建筑承包商和房地产开发商卡雷尔·汉诺尔·斯纳尔、瓦茨拉夫·霍特里克、博胡斯拉夫·霍莫拉奇、扬·佩特拉克、弗朗齐歇克·施托希和瓦茨拉夫·扎克斯托那的项目中，而他们对立体主义语汇与几何现代风格元素的混合没有顾虑。建筑师安东尼·贝拉达（Antonín Belada）设计了一些重要的作品，其1913年在内科拉诺娃街的公寓大楼（图6-68）项目可能得到了约瑟夫·霍霍尔和马泰·布莱哈的帮助，马泰·布莱哈的事务所设计了斯巴蕾娜街的钻石大厦（图6-69），以及旁边巴洛克式的圣约翰·诺泊克雕像的壁龛（图6-70）。另一个立体主义的实践是位于容曼广场（Jungmann Square）角落的石灯柱（图6-71），在卡洛斯药店背立面的前面，也是在布莱哈的指导下设计的。这个项目的幸存图纸表明，其实际设计师埃米尔·克拉利切克（Emil Králíček）非常了解项目周围的环境。

视觉艺术家小组内的冲突，让画家约瑟夫·卡佩克和瓦茨拉夫·斯帕拉、作家卡雷尔·卡佩克、建筑师弗拉斯提斯拉夫·霍夫曼和约瑟夫·霍霍尔离开了这个组织。小组内的争议由于画家艾弥儿·斐拉和文森斯·拜奈什以及艺术史学家文森斯·克拉马尔的声明而变得更加严重，他们谴责“叛徒”，因为他们不愿意追随如毕加索和布拉克一般的新艺术的最高形式，还认真考虑其他方向，如未来主义、俄耳甫斯主义（Orphism）以及像阿尔伯特·格莱兹（Albert Gleizes）和吉恩·梅辛革这样的立体主义者的作品。捷克立体主义者之间的争论偶尔会达到人身攻击的程度，但这些讨论迫使他们思考自己的观点，加快了个人风格的形成过程。

图6-68
内科拉诺娃街的公寓大楼（二）

图6-69
钻石大厦

图6-70
钻石大厦旁圣约翰·诺泊克雕像

图6-71
石灯柱

2）后立体主义（Rondocubism）

1914年第一次世界大战爆发对捷克立体主义产生了严重的影响，主权被军国主义集团掌握，开始压制波希米亚的政治生活，从而引起了另一波捷克民族主义的大浪潮。战争的影响非常深远：捷克城镇的建筑业全部停止，与巴黎和其他欧洲现代艺术中心的联系被切断，诸如《艺术月刊》等的艺术杂志停刊。战争也打散了立体主义艺术的客户，改变了大众的品位，比起现代性和创造性，他们开始更加重视捷克民间艺术的传统特征。

视觉艺术家小组在战争开始后也不复存在。因此，亚纳克和戈恰尔将他们的活动转移到"布拉格艺术工作坊"和"合作社"，合作社专门生产立体主义家具和奢侈的艺术对象。1914年，与这些工作坊合作的艺术家开始注意到大部分公众对立体主义的抗拒，并开始给出一种新的形式以恢复公众对立体主义的热情。例如，在1914年至1916年的建筑草图中，亚纳克在其立面上实验了厚壁的矩形，在他们的家具设计中，亚纳克和戈恰尔均引入了圆形和环形的形式。然而，他们对之前一直拒绝的装饰的态度也发生了明显变化：他们开始把装饰看作是帮助他们与公众重建联系的必要元素，也是一种能够表达他们作品的国家性和民族性的途径。

合作社的主席同时也是立体主义建筑师的鲁道夫·斯卡尔也走上了同样的方向，1916年他与画家弗朗齐歇克·基塞拉合作在瓦茨拉夫广场的里格纳百货公司设计了新的糕点店。这个新出现的趋势的发言人瓦茨拉夫·威廉·斯特奇（Václav Vilém Štech）将斯托卡的室内描述为一个"新鲜，快乐的即兴创作，给人以民俗艺术的印象"。同年12月，亚纳克对它的强烈的色彩十分满意，特别是醒目的红色和黄色，它体现了捷克的民族气质，同时和布拉格旧的巴洛克风格和新古典主义融合在一起。"颜色到立面！"（Color to the facades!）是他当时的座右铭。1918年10月，独立的捷克斯洛伐克共和国成立后，这种趋势发展成为一种特别的多彩的风格——后立体主义。在20年代的开头几年，它被应用于一些政府机构、保险公司和银行大楼。后立体

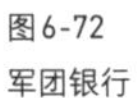

图6-72
军团银行

图6-73
军团银行室内

主义由于其明显的民族性和爱国性而经常被称为“民族风格”。

这一风格的代表建筑之一是约瑟夫·戈恰尔设计的捷克斯洛伐克军团银行（图6-72、图6-73），位于拿波里奇街。建筑立面在水平方向上分为3个不同的部分，底部入口的柱子上放置着扬·什图尔萨的雕塑，柱子上部的带形雕塑由古特弗洛因德完成，表现了捷克斯洛伐克军团在“一战”期间取得的胜利。其上4层办公空间立面有着丰富的圆柱形和半圆形的装饰，檐口上方也有着相似的图案装饰，这样的几何图案装饰一直蔓延到建筑室内的柜台、柱子、墙壁、顶棚。中心大厅的玻璃顶棚让人联想起瓦格纳的邮储银行。

在同时代的人尤其是功能主义者看来，军团银行似乎是一个难以接受的建筑。欧德里赫·斯塔里在杂志《建造》中称它为“时代乱象”的表现，卡雷尔·泰奇认为它混杂拥挤的外观和过度强调的颜色主题和形式给人不愉悦的巴洛克印象。功能主义者当然无法理解戈恰尔个人对古典语汇的理解。在这个建筑项目之后，受到荷兰建筑的影响，戈恰尔开始转向研究几何现代风格发展的可能性。

1922—1925年，帕韦尔·亚纳克与约瑟夫·扎斯赫一起设计了他最重要的后立体主义风格的建筑，意大利公司的办公楼——亚德里亚宫（图6-74）。在这个项目中，建筑师面临着一些复杂的问题，尤其是被要求面向娜罗蒂街有一系列平台。建筑的上部采用了城垛的形式，模仿了意大利文艺复兴城市的市政厅。丰富繁杂的浮雕装饰与建筑本身普通的功能形成了对比。

亚罗米尔·克雷查尔在1923年的文章中认为在戈恰尔当代作品中，立体的装饰仅仅是隐藏了“一种健全的可塑性”，而亚纳克陷入了“历史主义、懒惰的民族传统主义和折中主义”。在亚德里亚宫项目之后，亚纳克也放弃了后立体主义风格转向了其他方向。

1919—1921年，科特拉的学生奥塔卡尔·诺沃提尼为国家学校教师协会设计了位于埃利斯克克拉斯诺霍勒斯卡大街的教师公寓大楼（图6-75），建筑立面由不同颜色的石材组成，主入口、窗楣、檐口都做了棱锥形的立体主义装饰。整个建筑光影变化丰富，极具动感。

弗拉斯提斯拉夫·霍夫曼（V.霍夫曼）的作品在1914年左右开始沿着一个非常个人的方向发展。他的观点基本上很少与亚纳克不同，但作为一个理论家，霍夫曼发展了空间方面的思想和立体主义建筑的“客观性”，这个术语可能是借鉴了当代德国的艺术文章《客观性》。V.霍夫曼在1913—1914年的文章中开始反对亚纳克，反驳了亚纳克所认为的死去的物质只有通过建筑师的积极力量才能使它活过来的观点。V.霍夫曼认为物质是活着的，也是自我改变的。在1913年的《论建筑本质》中，V.霍夫曼给自己设定了使物质的“内在形式”成形以及从艺术上捕捉其“内在能力”的任务；其对“物质的运动”的信念很快就开始出现在他的一些绘画和木刻上，除了特殊的水晶形状之外，还有有机螺旋和植物形状。

在V.霍夫曼战争时期的最重要的项目中，一系列未实现的对巴洛克式的维谢赫拉德城堡现代改造计划中，有一种显而易见的不同的建筑手法。V.霍夫曼于1915年完成的设计中，维谢赫拉德被改造成一种英式花园郊区，一排一排的家庭住宅沿着城堡的巴洛克式的

图6-74
亚德里亚宫

图6-75
教师公寓大楼

防御工事布置，自然形成了立体的线条。维谢赫拉德场地的一部分被V.霍夫曼留作斯拉温的墓地（19世纪末期最杰出的捷克艺术家、科学家和学者）。在这片低矮的住宅中，V.霍夫曼设计了几座大型公共建筑，他们的线条展示了其在1915年的文章中提到过的巨大的纪念碑。他特别注意避免人为的形状，并让墙面裸露。在战争中，V.霍夫曼也受到民族主义宣传的影响，开始梦想创造出带有神秘气息的史前斯拉夫形式，并将哥特式的胡塞特乡村教堂的简洁线条作为捷克立体主义的灵感来源之一。但是，即使V.霍夫曼当时放弃立体主义的基本原则，他与亚纳克和戈恰尔的新曲线风格也完全不同。

与亚纳克和戈恰尔的民族风更不同的是约瑟夫·霍霍尔，他对原来的棱锥立体主义的否定有着非常的意义。霍霍尔在前立体主义时期最重要的设计之一，1913—1914年的内科拉诺娃街的公寓大楼展现了哥特风对他的影响。然而，1913年，在他的文章《论建筑要素的功能》中，霍霍尔意识到了他对哥特式的个人取向，但认为它已经是“结束的章节”，并表示希望创造一些新的个人的东西。内科拉诺娃街公寓的立体面有明显的装饰性，特别是在地下室和檐口。然而，在同一篇文章中，霍霍尔一直拒绝装饰品并认为它们是完全不可接受的东西，会干扰“现代作品的珍贵而纯粹的光滑效果”。在V.霍夫曼与亚纳克的争论中，霍霍尔站在了V.霍夫曼的一边。他也无法想象没有三维性的建筑，他也提到了物质的内部结构，像V.霍夫曼一样，他希望捕捉到它的成长和运动。霍霍尔称，新建筑的特征将是“数学上的精确性、严谨性和坚固性”。

为了缩小理论与实践的差距，霍霍尔走向了一种“直线立体主义”，他一直避免参考任何历史风格和装饰变形。霍霍尔在1914年开始设计的一系列精心绘制的图纸和草图中表达了他对新建筑的看法，其中一些还是在战时加利西亚的战壕中画的。尽管霍霍尔是唯一完全拒绝把立体主义绘画的方式转化为建筑的立体主义建筑师，但是他的建筑发展的新阶段可能是由于他对立体主义物质固化的兴趣，这种影响在1913—1914年的约瑟夫·卡佩克和艾弥儿·斐拉的绘画中也越来越明显。霍霍尔可能还从简朴而实际的工业建筑中找到了灵感，这种特征在他1912—1919年之间的许多草图中都有所体现。回头看内科拉诺娃街上的建筑的后立面，其他建筑师可能也会不加装饰设计，但他们是为了在看不到的地方尽量节省；与霍霍尔不同，他们不会认为裸露的墙体是一种风格特征。而霍霍尔的建筑图纸中原始的矩形形式，以尖锐的装饰为特征，最初是相当平坦的，建筑师将它们叠加在一起，在间层中捕获物质的运动。渐渐地，虚幻的运动消失了，形状变得越来越曲线，浮雕越来越深，内部空间的体积越来越大。这样，在1914—1920年间，霍霍尔从主观分解的形式——分析性或是棱锥形的立体主义——走向了客观的立体主义，当时被阿梅代·奥赞方和皮埃尔·让纳雷称为纯粹主义的风格。

总的来说，立体主义建筑师更加关注建筑的表面处理方式，而没有考虑到建筑的内部空间形式。尽管帕韦尔·亚纳克在1918年提出希望探讨一种可以反映民族特征的新的居住类型，"就像每个物种都有它特定的巢穴"。但除了几个有趣的室内设计，立体主义几乎没有发展出自己空间类型。20世纪20年代之后，受到诸如纯粹主义、功能主义等新风格的影响，立体主义逐渐淡出了人们的视野。

3

共和国的新要求：新古典主义的回溯

1918年第一次世界大战结束，奥匈帝国解体，独立的捷克斯洛伐克共和国成立。捷克斯洛伐克是一个多民族的国家，其中包括一半的捷克人，23%的德国人，20%的斯洛伐克人，以及少数匈牙利人、波兰人、塞尼亚人。在两次世界大战之间，布拉格的人口依然由大部分捷克人和少部分德国人和犹太人组成。作为首都，布拉格旨在成为捷克斯洛伐克国家身份的展示窗。捷克斯洛伐克的第一任总统托马斯·马萨里克，希望建立起大众对捷克斯洛伐克的国家认同感，以公民归属感取代各自的民族认同感[①]。民主也是这个时代的主题之一，而关于建筑在推广民主和公民认同上的作用也存在争论，一些人认为政府机构建筑应该加强视觉上的民主印象，而另一些人则认为建筑的主要作用在于根本上的民主化，使得社会各阶层都能从建筑的落成和它所提供的机会中获利。在这样的社会背景下，多种建筑风格都在争取成为新共和国的"官方"代表风格，而其中最负声望的是新古典主义，其中以瓦格纳的学生安东宁·恩格尔、弗兰提斯克·罗伊斯、博胡米尔·希普什曼以及约瑟普·普雷其尼克的作品为代表。瓦格纳一派的古典主义风格具有大尺度和纪念性的特征，新古典主义有着恒常和安定的品质，这也是这个新生的共和国希望传递给国民的，因而被许多政府和金融机构建筑所采用[②]。

图6-76
圣维特大教堂旁的方尖碑

在这一时期布拉格的建筑师中，可以利用古典主义的语汇创造出新的诗意的可能只有普雷其尼克[③]。普雷其尼克在1911—1921年间在布拉格应用艺术学院担任教授，1920年，在包括扬·科特拉在内的众多本土建筑师中，马萨里克选择了普雷其尼克作为布拉格

① Capital cities in the aftermath of empires: planning in central and southeastern Europe[M].Routledge, 2009: 157.

②③④ SVACHA R, DLUHOSCH E, FRAMPTON K. The architecture of new Prague, 1895-1945[M]. Mit Press, 1995: 174-175.

⑤ HEJDUK J, HANZLOVA A, SRSNOVA M, et al. Prague 20th century architecture[M]. Springer science & business media, 1999: 56.

⑥ HAJE T EL. Jože Plečnik: his architecture in Prague for freedom and a new democracy[D]. Texas Tech University, 2000: 50.

城堡改建工程的建筑师，将这个过去象征着君王权力的城堡转变为一个民主共和国总统的办公和生活场所。马萨里克的这一决定遭到了民族主义者们的反对，布拉格舆论圈指责总统雇佣了一个“外国人”，许多新闻报纸也发表了一些批判文章。然而当普雷其尼克的工作开始后，这个先锋的设计师得到了大众的认可。帕韦尔·亚纳克在《自由的方向》上发表了12页包含照片和分析的文章称普雷其尼克“对人类精神和环境的非凡理解”和他的“独立性以及自由性……带来了一个强有力的新出发点”[4]。

普雷其尼克在城堡区内设计了一些神圣的空间：用于大众集会的安哥拉或论坛，古老的神殿、柱子、方尖碑，用现代手法设计的藤廊、雨篷、喷泉、楼梯、栏杆，给布拉格城堡带来了地中海式的氛围。具体包括第一、第三和第四庭院的改造，第三庭院通向南花园的公牛楼梯，南花园中更换、增加的一些小型构筑物，西班牙馆入口处的多柱大厅，圣维特大教堂旁18米高的花岗岩方尖碑，为马萨里克改造的总统公寓等[5]（图6-76~图6-78）。直到1934年他离开布拉格返回卢布尔雅那之前，普雷其尼克一直担任布拉格城堡的建筑师，在他走后，未完成的工作交给了他的学生奥托·罗斯梅尔（Otto Rothmayer，1892—1966）[6]。

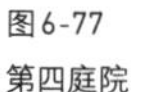

图6-77
第四庭院

图6-78
公牛楼梯

普雷其尼克在布拉格完成的另一个建筑项目是圣心教堂（图6-79、图6-80）。教堂位于布拉格维诺赫拉迪区的波杰布拉德的伊日广场，维诺赫拉迪90%的人是天主教徒，而他们一直没有一个天主教堂，直到1893年才有一个新哥特式的建筑开放。在随后的20年里，这里的人口从15000增长到了50000，礼拜者不得不在当地的学校进行周末的活动[①]。1908年，布拉格市政厅决定在维诺赫拉迪新建一个教堂，天主教组织也开始为项目筹备资金，但"一战"的爆发推迟了项目的进行。1919年，维诺赫拉迪第二个天主教堂建设委员会发布了设计竞赛，吸引了布拉格许多建筑师和学生参加，但是大部分的方案都是非常传统的。虽然当时布拉格的艺术家都在推崇现代建筑创新，但保守的评审委员会最后还是选择了一个非常传统的方案，这遭到了布拉格许多建筑师的反对，包括戈恰尔、亚纳克、霍霍尔在内的29名建筑师写信恳求普雷其尼克提交一个设计方案："我们协会确信这个竞赛不会产生比您的作品更好更真实的设计。我们一直期望有一天布拉格也能有一个您手中诞生的作品，一个我们相信能成为布拉格伟大的瑰宝之一的作品。"[②]选择普雷其尼克来设计维诺赫拉迪教堂对委员会来说也是一个困难的决定，他们不确定一个斯洛文尼亚人是否有能力展现捷克的文化感性。布拉格天主教领导人要求这个项目必须体现国家特征，而委员会认为只有捷克人拥有的内在品质才能进行捷克式的艺术表现。最后是马萨里克说服了委员会雇用这个斯洛文尼亚天主教徒建筑师。

关于这个建筑的争论体现了当时在布拉格艺术文化圈的几个问题：布拉格建筑在体现捷克文化和捷克斯洛伐克国家地位的同时是否应该受到现代主义国际运动的影响；艺术和建筑的本质是体现个人意志还是为社会大众服务；新的国家首都是否应该体现这个城市的宗教特征；捷克艺术家又应该如何妥善处理反哈布斯堡王朝的情绪和维也纳长期以来的深远影响[③]。

建筑的设计经历了一个漫长的过程。1921年，普雷其尼克提交了一些方案，其中包括一个对阿洛伊修斯学校小礼拜堂的扩建计划，这个教堂在当时作为维诺赫拉迪区的一个临时教堂使用，这个设计

① MARGOLIUS I，HEWITT J，FIENNES M. Church of the sacred heart：Jože Plečnik[M]. Phaidon，1995：22.

② HAJE T EL. Jože Plečnik：his architecture in Prague for freedom and a new democracy[D]. Texas Tech University，2000：59.

③ PACES C. Prague panoramas：national memory and sacred space in the twentieth century[M]. University of Pittsburgh Pre，2009：142-143.

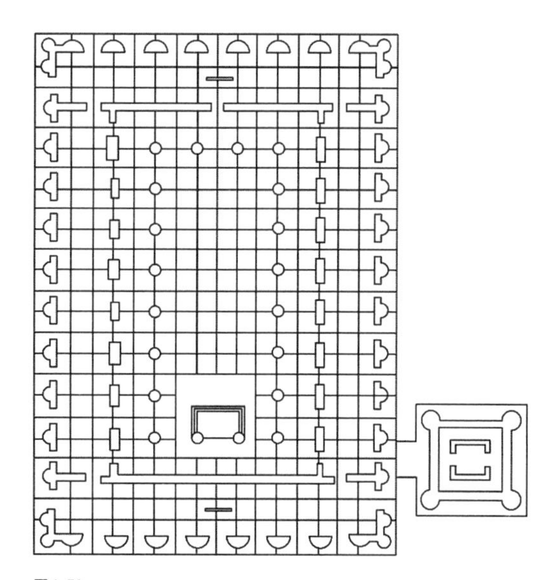

图6-79

圣心教堂1922年设计平面

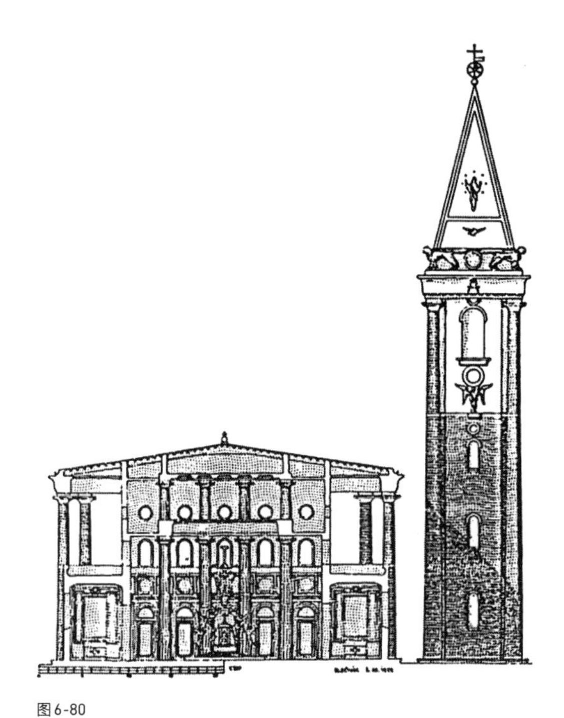

图6-80

圣心教堂1922年设计立面

没有被委员会接受。在1922年的设计方案中，普雷其尼克设计了一个希腊神庙式的建筑以及附加在一侧的意大利式钟楼，教堂四周的室内外都有一圈柱子。他希望这是一个典范式的教堂，能与周边高的居住区相抗衡。教堂高25米，旨在成为这个街区的中心，而钟楼则统领着这一中心区域。

同一年，普雷其尼克在前一版平面的基础上提交了新的立面设计方案（图6-81~图6-83）。但是这两个方案的造价高昂，当时关于这个建筑的基地也有了一些争论。城市规划师们希望建筑基地所在的整个广场是一个开放的公园，政治家们就教堂的基地位置开始争论，最后马萨里克不得不进行干涉。这些争议最后由查理大学法学院解决了。与此同时，普雷其尼克也意识到这样一个尺度的教堂是很难得到足够的资金支持的，因此他将建筑的高度缩小一半，占地面积也缩小了，添加了一个地下室，以及一个更宽的钟楼加强建筑的纪念性[①]。

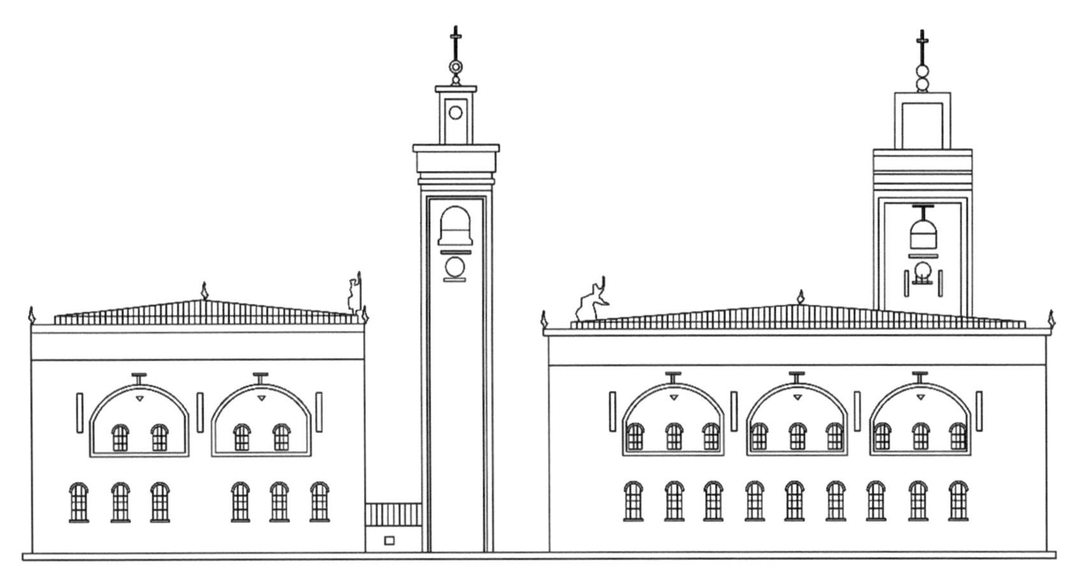

图6-81
圣心教堂1922年更改立面

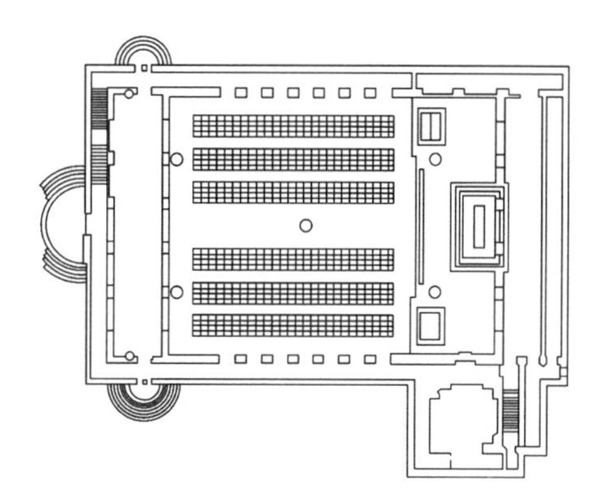

图6-82
圣心教堂1925年设计平面

图6-83
圣心教堂1925年设计立面

1925年，一个有着宽钟楼的低矮的教堂方案产生了，立面由交叉拱构成。室内设计方案也有了一些变化。一个大型中殿占据了教堂的主要体量，建筑结构基于5根清晰可见的柱子。普雷其尼克希望以中央的柱子代表耶稣，而角落的4根代表福音传道者[2]。他希望能为唱诗班提供一个大的可以轻松通过的走廊，在圣器收藏室的上方他还设计了一个供口述教理的房间。

1927年，普雷其尼克写道："我已经为维诺赫拉迪教堂项目头疼了很久——最后我意识到我必须放弃并回到之前的设计。新的概念需要新的调研工作——我不想因此冒险。现在我会让之前的设计成

① PRELOVŠEK D. Jože Plečnik, 1872—1957: Architectura perennis[M]. Yale University Press, 1997: 224-227.

② MARGOLIUS I, HEWITT J, FIENNES M. Church of the sacred heart: Jože Plečnik[M]. Phaidon, 1995: 22.

立，也就是我去年设计的平面（图6-84、图6-85）。这个教堂造价会很高昂，那就让它去吧，以上帝的名义。我想布拉格的人们不喜欢它，那么它也很难实现。”[①]在新的方案中，教堂的室内大小和1922年的方案差不多，但外部变短了一些，迫于经济原因，普雷其尼克不得不去掉了拱廊。教堂内部使用了纯粹的砖墙和木质天花板围合整个空间，与最终方案已经非常接近。在最终方案中，钟楼的四角的圆砖柱变成了两侧的锥形塔，塔楼上的钟也简化了设计，檐口的一系列小天使变成了一种花环图案。

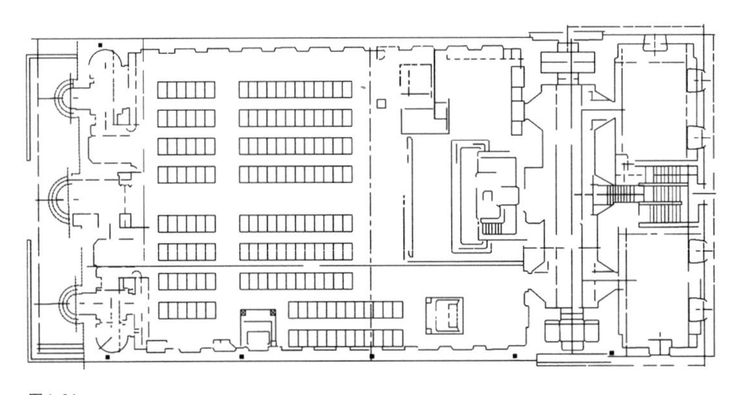

图6-84
圣心教堂1927年设计平面

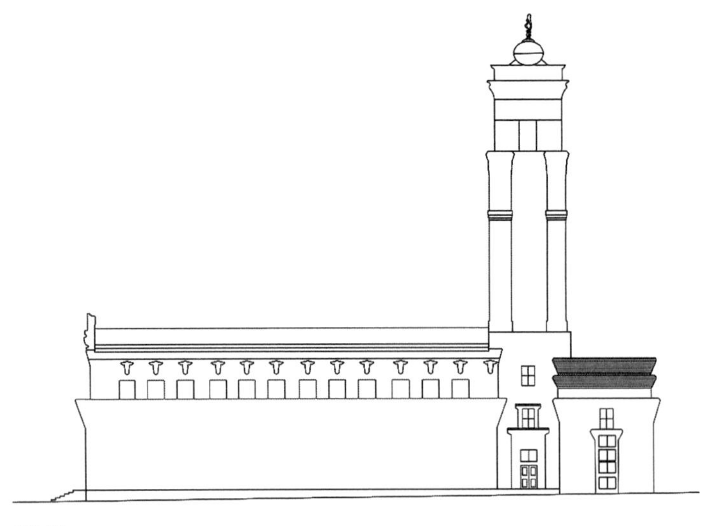

图6-85
圣心教堂1927年设计立面

① PRELOVŠEK D. Jože Plečnik, 1872—1957: Architectura perennis[M]. Yale University Press, 1997: 224-225.

② HAJE T EL. Jože Plečnik: his architecture in Prague for freedom and a new democracy[D]. Texas Tech University, 2000: 67.

③ PACES C. Prague panoramas: national memory and sacred space in the twentieth century[M]. University of Pittsburgh Pre, 2009: 145.

最终的圣心教堂主要由三个体量构成：中殿、钟楼、圣器收藏室和洗礼厅。中殿由13.5米高的砖墙环绕，自然光线从32个天窗流入室内，屋顶的钢结构藏在木质顶棚构造之后。钟楼42米高但是只有6米宽，直径7.6米的钟面由大的玻璃面板构成。背立面的入口将圣器收藏室和洗礼厅分开。在建筑表皮上能看到森佩尔的影响，在深棕色的砖墙面上普雷其尼克使用灰色花岗岩石块进行装饰，而檐口的形式则有可能受到了立体主义的影响②（图6-86、图6-87）。

普雷其尼克坚持使用捷克本土的材料，这一点也得到了大众的认可。在教堂牧师亚历山大·蒂特尔（Alexander Titl）的文章中，他特别指出了这些捷克的材料，其中包括“来自舒马瓦山的大理石”。1931年，杂志《建筑板材》*Stavitelské listy*的评论文章中提到：“普雷其尼克只使用那些谨慎处理过的捷克材料，即使是一小片材料都是来自上帝的馈赠……即使在这些小的细节中我们都能感受到强大创造力的成就。”③（图6-88~图6-92）

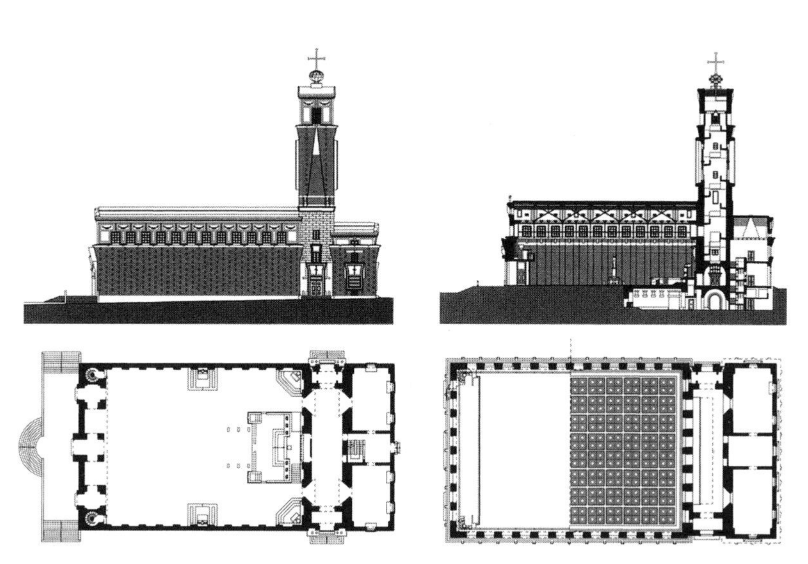

图6-86
圣心教堂最终设计平面/立面

图6-87
圣心教堂最终设计地下室及顶棚平面/剖面

图6-88
圣心教堂背立面

图6-89
圣心教堂正立面

图6-90
圣心教堂主入口

图6-91
圣心教堂侧立面

图6-92
圣心教堂室内

普雷其尼克的作品经常遭受各种各样的批判：保守派批判它的“超国家”性，功能主义者认为它太过保守。而瓦格纳的其他门徒在两次世界大战之间设计的建筑有着明显的门派特征，普雷其尼克对空间的独特感知是其他20世纪20年代的古典主义建筑师所没有的，对他们来说，建筑只是通过一些手法表现的纪念性的实体①。

安东宁·恩格尔从1922年开始在捷克理工大学担任教授，虽然他有着现代理性主义先锋者的头衔，但依然教授着保守的传统。他最值得注意的新古典主义建筑是位于波多利斯克街的过滤站（图6-93）以及位于克里门斯卡街的铁道部（图6-94），建筑的形体都遵守着古典主义的对称和平衡，立面是粗糙的石墙装饰着单调重复的壁柱。建筑的纪念性是恩格尔关注的重点，他认为纪念性有着“形而上的起源”，是“对坚定和永恒持久的品质的追求的最高表达，它能超越物质的短暂性”②。

与恩格尔的作品有些相似的是另一个瓦格纳的学生弗兰提斯克·罗伊斯的作品。罗伊斯完成了许多大型金融机构和政府机构的建筑项目，其中包括位于莱顿斯卡街的财政部大楼（图6-95）、位于玛丽安斯凯广场的市立图书馆（the Municipal Library in Marianske Square，1924—1928）（图6-96）等。罗伊斯建筑的体量布置十分简单，但建筑平面经过了细致的考虑。立面通常是石材覆盖——一种象征着坚固的材料——有序地装饰着壁柱和大玻璃窗，与粗糙的表面形成对比③。

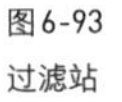

图6-93
过滤站

图6-94
铁道部

图6-95
财政部大楼

图6-96
市立图书馆

图6-97
希普什曼自宅

博胡米尔·希普什曼在战后设计的位于乌特瓦仁街的磨坊和面包店还是几何风格。但之后的几年，在卢德维克·斯沃博达堤岸(Ludvik Svoboda Embankment)的重建项目和帕拉茨基广场的两个政府部门项目(1924—1931年)中，他的建筑有了一种古典主义的对称性，标志性的柱子、藤架、方尖碑等也加强了这一风格。与罗伊斯和恩格尔不同的是，希普什曼没有使用壁柱序列，他倾向于光滑裸露的立面。在希普什曼的小型项目中，值得一提的是位于乌拉伯拉托尔街的自宅(1926—1927年)(图6-97)。建筑根据内部不同的功能进行体量的划分，平屋顶和光滑的白墙体现了功能主义，但檐口的菱形小装饰表明希普什曼的作品根植于瓦格纳和霍夫曼的现代风格[④]。

① SVACHA R, DLUHOSCH E, FRAMPTON K. The architecture of new Prague, 1895-1945[M]. Mit Press, 1995：177.

② 同①，177-181页。

③ 同①，181页。

④ SVACHA R, DLUHOSCH E, FRAMPTON K. The architecture of new Prague, 1895-1945[M]. Mit Press, 1995：184.

除了恩格尔、罗伊斯、希普什曼之外，瓦格纳的另一个学生弗朗齐歇克·克拉斯尼也加入了这一行列。老一辈的建筑师也设计了很多古典主义的建筑，这些人包括伯德瑞克·本德明厄，约瑟夫·萨卡尔、约瑟夫·芬达、安东宁·法伊弗（Antonín Pfeiffer）、拉吉斯拉夫·斯奇瓦尼克以及科特拉最老的学生之一雅罗斯拉夫·罗斯勒，他的古典主义工伤保险大楼（图6-98）实现了对构造力量的现代化抽象。然而除了克拉斯尼和罗斯勒的作品外，其他大多数建筑师的作品都缺少系统性和本质上的建筑概念。总体来说，布拉格古典主义建筑师的作品还不能与普雷其尼克的独特作品相比①。

图6-98
工伤保险大楼

① SVACHA R, DLUHOSCH E, FRAMPTON K. The architecture of new Prague, 1895-1945[M]. Mit Press, 1995.

4

最后的先锋舞台：捷克实用功能主义的发展

在两次战争之间时期，除了立体主义和新古典主义，布拉格的建筑师也在一些其他的风格之间进行多种尝试和融合，因此诞生了一些很难界定是某种风格的建筑。“一战”前诞生的最重要的风格之一，几何现代风格，由于对立体主义的批判和受到新理性主义的影响，在1922年之后迎来了新的发展。这一风格也在一定程度上呈现出了纯粹主义和功能主义的趋势，一些希望尝试现代手法但又不敢完全响应纯粹的功能主义的建筑师因而走向了这一风格，其中以科特拉的学生们为代表。和后期的立体主义一样，20世纪20年代的几何现代风格也发生了一些变化。帕韦尔·亚纳克在1925年对功能主义的简朴、理性和实用主义提出了反对，和他在1910—1911年对几何现代风提出的反对一样，亚纳克认为建筑不应该局限于对构造的表达，而应该更具创造力，“一种在实用功能之上的活动”，因为只有创造力可以给生活带来积极的力量。受此影响，建筑的体量通常进行了巧妙的切割，立面上也有了一些抽象的图案③。

图6-99
钢铁厂办公楼

扬·科特拉，捷克现代主义建筑的领导者，在这一时期遭到了批判。新的政府在一些纪念性建筑项目上不再信任他。新风格对他早期的构造风和纯粹性的批判也使他很难与新风格妥协。科特拉在这一时期最好的项目之一是于1921—1924年为维特科维茨钢铁厂（Vítkovické železárny）（图6-99）设计的办公楼，位于奥利瓦街。这是一个有着古典主义倾向的现代建筑，建筑的基本框架是理性的构成，入口的立体装饰增添了一些光影变化。在查理大学法学院（图6-100）中也可以看到这种风格的融合。这个项目持续了很长时间，

③ SVACHA R, DLUHOSCH E, FRAMPTON K. The architecture of new Prague, 1895-1945[M]. Mit Press, 1995: 46.

科特拉在1909、1911、1914、1920年分别提交了一系列设计方案，而他却没能在去世前目睹他最后一版设计的实施。建筑的立面由石材构成，在三角形山墙上我们能看到科特拉战前完成的莫扎特楼的影子。

图6-100
查理大学法学院

20世纪20年代，布拉格大部分建筑师在不同风格之间切换，他们时而坚定，时而困惑。这一时期，建筑师们开始探讨建筑的功能、目的以及生活，这个建筑中所要包含和服务的对象。同时，荷兰的欧德和法国的勒·柯布西耶的影响也扩散到了布拉格，本土和国际上建筑思潮的发展使布拉格走向了功能主义，成为欧洲功能主义建筑的中心之一。瓦格纳的学生帕韦尔·亚纳克在立体主义之后也完成了包括布拉格芭芭住宅区在内的一系列实用功能主义的规划和建筑作品，扬·科特拉的学生约瑟夫·戈恰尔设计了包括圣瓦茨拉夫教堂（图6-101、图6-102）在内的大量功能主义建筑。

图6-101
圣瓦茨拉夫教堂

1939—1945年，捷克被德军占领，建筑运动也因此发展缓慢。第二次世界大战后，捷克成为了苏联集团的一员，从1948年起开始应用苏联的政治和文化标准。而当布拉格的左翼建筑师开始为他们的社会主义国家设想未来的图景时，他们没有想到在前方等待着他们的不是功能主义，而是在1949—1956年他们所要遵从的斯大林古典主义。1954—1955年，捷克斯洛伐克开始使用标准预制板建设装配式居住建筑，在之后的35年，这些预制板建造出的标准住房包围了布拉格。社会主义时期过后，捷克建筑师开始回顾捷克功能主义的遗产，运用新的建筑技术，与其他艺术家、手工艺家合作寻求新的表达，持续进行着他们的建筑实践。

图6-102
圣瓦茨拉夫教堂室内

第四部分

殊途同归：维也纳分离派之后

IV THE SAME DESTINATION: AFTER THE VIENNA SECESSION

在19世纪历史主义思潮之后，维也纳青年艺术家和建筑师们创立了维也纳分离派，试图把建筑和艺术从历史束缚中解放。20世纪初，分离派的重要代表人物之一便是奥托·瓦格纳，在他的作品中倾注了对新语汇的探索，给维也纳注入了新时代的活力。

这个时期还有一位对现代建筑运动产生巨大影响的建筑师和建筑评论家阿道夫·路斯。路斯是一位即“传统”又“现代”的矛盾人物。他推崇饰面原则和古典主义的复兴，使他被威尼斯学派的塔夫里评价为“非先锋的现代古典主义者”①。而他的建筑理论和建筑实践则在当时历史主义思潮背景中又使他成为“当代先锋”。然而在当时的维也纳，人们习惯于接受历史主义的熏陶，因而对“现代主义”仍存排斥的心理。奥布里希的分离派会馆屋顶被戏称为“金色圆白菜”，路斯的建筑则也被视为异教徒的叛逆②。

第一次世界大战结束后，奥匈帝国解体。奥地利作为战败国，昔日的繁华不再，其首都维也纳出现了严重的社会问题，经济危机、通货膨胀和住房危机肆虐。1919年左翼的社会民主党上台，其中很多重要的负责人都是马克思主义的追随者，在这些人的推动下，政府开始着手解决住房问题。此时诞生了一批大型居住区，其中包括成为欧洲廉租房样本的卡尔·马克思大院和乔治·华盛顿大院。20世纪30年代奥地利建筑史上的另一大盛事，则是一时对欧洲现代居住建筑颇具影响的维也纳制造联盟住宅区展览。

“二战”后，维也纳经历了一段艰难的时期，经济与文化逐渐恢复，又再次回到国际文化都会的位置。此时的代表人物当属罗兰德·莱纳。莱纳曾就读于维也纳科技大学（Vienna University of Technology），论文研究主题为维也纳的卡尔广场项目。他继承了瓦格纳和路斯的理性、简朴的建筑风格，以非象征性的形式塑造实用的建筑③。随后，莱纳曾在德国汉诺威工业大学、维也纳美术学院等任教。他在城市建筑、城市规划和建筑结构工程方面都有所造诣。

在20世纪60—70年代，威尔海姆·霍兹鲍耶是维也纳最有影响的建筑师之一，被称为“务实”的现代主义者。他曾就读于维也纳科技大学，师从克莱蒙斯·霍兹迈斯特。他赢得了许多建筑竞赛

① 塔夫里，达尔科. 现代建筑[M]. 刘先觉，等译. 北京：中国建筑工业出版社，2000：90-105.

② 王路. 维也纳的建筑传统和现代建筑[J]. 世界建筑，1998（6）：72.

③ 同②，73页。

并且设计建成了许多大型公共建筑。他擅长运用简洁清晰的动线关系联系大型建筑中的院落，建立起有效的功能关系，同时他推崇对文脉的护理。“文脉”在他的建筑中意味着从自然环境和城市环境中发展而来的“场所魅力”[①]。同时代的汉斯·霍莱因也是霍兹迈斯特的得意门生，同时由于他继承了瓦格纳的风范而被许多评论家称为后现代主义的创始人之一。他对施工、材料、细部都十分重视，在德国门兴格拉德巴赫的博物馆项目为他赢得了普利策建筑奖。另外，古斯塔夫·派施尔也是维也纳建筑传统的追随者，他的作品严谨简朴，洋溢着古典主义的典雅传统。这三位建筑师年龄相仿，都师从维也纳保守派的代表霍兹迈斯特，同属于战后才华横溢的建筑师。他们在建筑创作中都与维也纳文脉紧紧相连，但并未简单模仿历史样式，而是灵活运用传统建筑语汇并加以创新，结合当代建筑的功能需求以及场所特色。从他们身上能够看到维也纳传统的延续和崭新的面貌。

20世纪80年代以来，维也纳现代建筑的创作呈现多元化的趋势。除了威尔海姆·霍兹鲍耶、汉斯·霍莱因、古斯塔夫·派施尔等偏重文脉的建筑师以外，还出现了乐于表达现代技术和高新材料的蓝天组这样的建筑师团体。他们厌倦了历史主义的面具而追求新旧对比，被称为现代建筑解构主义思潮的代表[②]。

维也纳是一座拥有1800多年历史的古老城市，在其漫长的演变和发展过程中，积淀了丰厚的建筑文化传统。20世纪初，现代派运动把她领入了一个崭新的建筑阶段，“二战”之后，维也纳建筑在新一代建筑师的继承和创新中不断发展，在国际建筑舞台上扮演着不可取代的重要位置。

① 王路.维也纳的建筑传统和现代建筑[J].世界建筑，1998 (6)：73.

② 同①，75页。

第七章

古典精神和创新精神的交融：20世纪初的现代性学说

CHAPTER SEVEN
THE FUSION OF CLASSICAL SPJRIT AND INNOVATIVE SPIRITS:
THE DOCTRINE OF MODERNITY IN THE EARLY 20TH CENTURY

198 ~ 204

“我既不设计平面也不设计立面或是剖面，我只设计空间。在我的设计中，既没有底层平面也没有二层平面或是地下室平面，有的只是整合在一起的房间。前台和平台。每一个房间都需要一个独特的高度，因此不同房间的顶棚必然在不同的高度上。”[①]

——阿道夫·路斯

1 “非先锋”的“当代先锋”：阿道夫·路斯

阿道夫·路斯（图7-1）在现代建筑史上占据着独一无二的位置。由于他的特立独行，人们对他的评价往往是矛盾的。与新艺术运动的领导人处于同一时代的路斯，既不同于保守派，又与维也纳分离派、德国青年派的意见相左，强烈反对他们试图用肤浅的装饰理论体系来取代法国美术学院的折中主义的做法。虽然维也纳制造联盟的创始人之一约瑟夫·霍夫曼已经将分离派的语汇极大地简化了，但路斯看来，经过设计的日常使用物品依旧永远不会成为艺术品，维也纳制造联盟的概念本身便存在错误。德国新艺术运动的目的之一是消除手工艺者和艺术家之间的差别，但对于路斯而言，手工艺家和艺术家之间是不能等同，并且绝不可能完美结合的[②]。

图7-1
阿道夫·路斯，1870—1933年

路斯不仅抨击维也纳分离派和德国青年派，还同样抨击了成立于一年以前的德意志制造联盟。制造联盟的创始人之一赫尔曼·穆特修斯为同盟所设立的目标之一是在工业体系内给予艺术家以“形式塑造者”的身份，重视手工劳动和机器生产，重视思想体系及其物质化之前的差异[③]。而路斯对这一破坏艺术家自由的概念完全不能接受。路斯认为“一个时代的风格”是由诸多经济和文化因素相互影响而产生的，而非能够由艺术家和工业生产者塑造。

阿道夫·路斯出生于布尔诺。路斯曾在布尔诺的高中求学，由于未能通过考试转而就读于手工艺学校并成为一名技师。1889年，路斯在布尔诺完成了第一个机械建造项目，从这时起，他决定学习建筑。同年，他进入德国德累斯顿理工大学学习了一学年，随后求学于维也纳美术学院。学习经历坎坷的路斯虽成绩平平，但在手工艺学校当学徒的经历使得他能够顺利地与泥瓦匠和手工艺者交流，并且了解传统手艺的价值。

完成学业后，路斯前往南部欧洲游历。他重视实地考察，倾向于在特定场所环境中理解建筑，经常旅居于欧洲各大城市。路斯对于建筑师的定位是“一个学习拉丁语的石匠”，呼应了他所推崇的维特鲁威的主张：建筑知识源于材料和理智④。路斯和瓦格纳对古典传统的态度有所不同，瓦格纳认为，艺术和理性的综合仍是可能的，而路斯认为，人们所寻求的“源”已然在建筑语言的河流中得以保存了，用或不用现代材料，都不应该肤浅地模仿古典的建筑语汇。在路斯眼里，“当下”是建立在“过去”的基础之上的，正如“过去”建立在“过去的过去”基础之上一样，需要通过学习过去的古典风格，去寻找新的风格。

此外，1893年，路斯还前往了美国，成为最早去美洲新大陆游历的欧洲建筑师之一。在美期间，他参观了在芝加哥举办的世界博览会，此届博览会在折中主义盛行的年代却依旧在表达对路易·沙利文的崇拜。美国当时强调实用和创新精神，社会充满了活力，在美期间，摩天大楼和公共建筑给路斯留下了极其深刻的印象。

从美国回到维也纳之后，路斯开始为维也纳媒体撰写大量观点尖锐的批评文章，他批判的对象包括霍夫曼、奥布里希在内的维也纳分离派建筑师。路斯的著作把关于应用艺术的思辨推向了一个新的高潮，在他自己并不知情的情况下，他已然成为现代主义运动的重要人物之一。1908年，在他的文章《装饰与罪恶》(*Ornament and Crime*)中，路斯探讨关于去除功能性物品的装饰的问题，宣称消除功能性物品的装饰是文化进步的结果，可以防止人类劳动力的过剩

① LOOS A. Shorthand record of a conversation in Plzeň (Pilsen) [J],1930. “My architecture is not conceived in plans, but in spaces (cubes). I do not design floor plans, facades, sections. I design spaces.For me, there is no ground floor, first floor, etc.... For me, there are only contiguous, continual spaces, rooms, anterooms, terraces, etc.Storeys merge and spaces relate to each other.”

② COLQUHOUN A. Modern architecture [M]. USA: Oxford University Press, 2002: 73.

③ 同②，58页。

④ VITRUVIUS. The ten books on architecture[M]. New York, 1960: Book 1, chapter 1.

和浪费。这一举措对文化是有益无害的，不仅可以减少体力劳动所需要的时间，还能节省时间以丰富精神生活。然而由于该文煽动性的标题和部分人脱离语境断章取义的理解，此文章被当作了去除建筑中所有装饰的宣言，即认为装饰总体上等同于罪恶。路斯自身在了解到这个误解后也感到十分震惊。1924年，在他发表的《装饰与教育》(*Ornament and Education*)一文中，提道："我在26年前确信，人类的进步将会导致功能性物品中装饰的消失。这是一条不可避免并且充满逻辑的道路。然而我却万万没有想到纯粹主义者们竟然将此推延到荒谬的境地，他们系统全面地去除所有装饰。事实上，只有时间的长河才能洗去不能再生的装饰"①。在路斯个人的建筑实践中，能够看出路斯提倡去除功能性物品的表面装饰却不忽视表现性。他在材料的使用上极其在意材料的天然纹理、加工方式以及抽象构成。路斯早期的项目几乎都是室内改造。他善于结合使用不同材料，例如镜面、大理石和木材以营造丰富的空间体验。在位于维也纳的博物馆咖啡厅(图7-2)中，路斯就使用了经过精心设计的木质椅子，搭配大理石桌子打破往常咖啡馆的刻板印象。路斯对于装饰的态度实则是对"真实性"的追求，即材料的真实性，传达社会与时代精神的表达的真实性。

路斯并不是唯一能够暴露当代建筑理论矛盾性的思想家，但作为一名建筑师，他的作品极具原创性和刺激性，并对后世建筑师，尤其是对勒·柯布西耶的影响颇大②。不可否认，在路斯的建筑作品中，体现了他对黑格尔学派(Junghegelianer)"历史是一个'去除糟粕、留取精华'"这一观点的抵制，以及路斯本人对于创造不同建筑语汇的思想倾向③。路斯在自己设计的住宅立面上刻意去除装饰是一种经过推敲的艺术手法，这种做法也被下一代建筑师们所传承。而这些新生建筑师所追求的技术和艺术革命也恰巧是路斯认为绝无可能发生的。对路斯而言，未装饰的立面隐藏了建筑的个性；而随后的柯布西耶则认为通过这种手法得以展现一种柏拉图式的美(图7-3)。

路斯认为"文化的进化即等同于在日常生活物品中去除装饰"④，它宣扬去除功能性物品的装饰的理念，并作为反对分离派的

① LOOS A. Spoken into the void: collected essays 1897-1900 [M]. translated by NEWMAN J O, SMITH J H. MIT Press, 1982: "Foreword".

② COLQUHOUN A. Modern architecture[M]. USA: Oxford University Press, 2002: 73.

③ 同②，85页。

④ STEWART J. Fashioning Vienna: Adolf Loos's cultural criticism[M]. London, New York: Routledge, 2000: 152.

⑤ 范路."非先锋"的先锋(上)：阿道夫·路斯及其现代性研究[J]. 建筑师, 2006, 35(1): 63-72.

⑥ 王受之. 世界现代建筑史[M]. 中国建筑工业出版社, 1999: 133.

宣言。路斯认为古代建筑作品能够满足所有人，而他所处的时代，大多数建筑师只能满足业主和自己。在用尽了古代的装饰之后，分离派建筑师试图发明一些新的形式，而这在路斯的眼中，这些分离派装饰是十分肤浅的[5]。

路斯的现代建筑思想在第一次世界大战之后对于欧洲新一代的青年建筑家带来了非常重要的影响，促进了现代设计运动的形成。美国建筑家赖特认为：路斯对于欧洲的建筑贡献，就如同赖特自己对于美国建筑贡献一样大，具有决定性的影响作用[6]。

图7-2
博物馆咖啡厅室内

图7-3
奥地利银行

2

南加利福尼亚的维也纳精神：鲁道夫·辛德勒

鲁道夫·迈克尔·辛德勒1887年出生于奥地利维也纳，在维也纳美术学院奥托·瓦格纳的指导下完成学业后受邀前往美国洛杉矶，并以洛杉矶为中心设计建造了众多优秀的现代主义建筑作品（图7-4）。

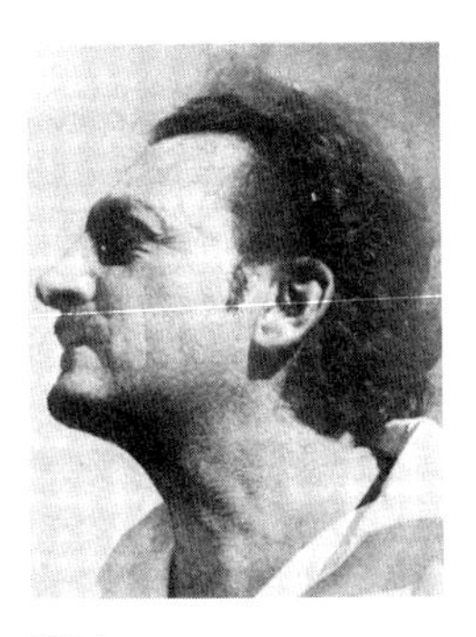

图7-4
鲁道夫·迈克尔，1887—1953年

瓦格纳在教学期间，一贯主张“建筑形式取决于现代材料和建造方法而非历史样式”的观点，这一看法也对辛德勒产生了较大的影响。除此之外，当时阿道夫·路斯强有力的演说、极具冲击力的反对功能性物品装饰的文章，以及在建筑内部空间构成上的体积规划原则也颇具影响力。

对于辛德勒而言，理论和实践应当是紧密结合的。1912年，还作为学生的他就已经发表了自己关于现代建筑的观点。由于现代建筑材料和建造方法的革新，建筑师在空间塑造上更加自由。辛德勒摒弃了受教于瓦格纳时的自己的观点，转而宣称：“20世纪的建筑形式应该放弃以结构为基础，而更多考虑空间、气候、光和心境。”①

辛德勒把自己的建筑作品称为“空间建筑”，着重于内部空间塑造。他在南加利福尼亚的作品中最具代表性的是辛德勒住宅（1922年，又称国王路住宅或辛德勒—查斯住宅）。此住宅为两对夫妇设计，以混凝土和红木作为主要结构，强调室内外环境的紧密结合。（图7-5~图7-8）

辛德勒住宅为单层平屋顶建筑，只在局部有阁楼的设计。整个建筑没有任何多余的装饰，并且将空间高度压得较低，大片通透木隔扇推拉门的采用模糊了室内外的界限。该住宅和当时现有的居住

① 英语原文：The twentieth century is the first to abandon construction as a source for architectural form.

建筑不同的是，它没有传统形式上的客厅、餐厅和卧室。辛德勒为4位住户分别分配了房间，在两位女士的房间一隅夹着共用的厨房。这4个房间每两个各自围合出1个中庭，形成了相对独立而私密的庭院空间。因此，每个房间都可以朝向街道或者庭院一侧采光。面对街道和对方庭院时，辛德勒设计了开竖缝的混凝土墙体以保证私密性；朝向自己庭院的一侧，则基本上采用了日式的木格窗和推拉门。客房的设计也延续了主人房的思想，客人拥有自己的推拉门和门外的一片庭院空间。

辛德勒大多数的客户是先进的中产阶级知识分子，相对于财富而言，他们拥有更多的对品味的追求。辛德勒早期的建筑作品，例如豪住宅（How House，1925）和洛弗尔海滩住宅（Lovell Beach House，1923—1926）中，对混凝土的使用进行了大量的研究，发现并不能大幅度地削减造价。因此，他推出了在木框架外混合灰泥和石膏的一种新型现代建筑材料——“石膏表皮”，并广泛运用于他在20世纪三四十年代的作品之中。

后来，他继续研究屋顶材料和形式。他对于屋顶高低错落的设计以及大量嵌入式家具的采用无不体现了他对路斯的体积规划理论的进一步探究。“二战”后，为了更好契合地自己关于室内空间连续性的追求，他进一步改进自己的木结构设计。在他的卡里斯住宅（Kallis House，1946）中，他将坡屋顶和墙体相结合；在杰森住宅（Janson House，1948—1949）中，他在屋顶处采用了彩色透明纤维玻璃，通过色彩的渲染，为室内空间营造了不同的氛围。

图7-5
辛德勒住宅

图 7-6

辛德勒住宅室内庭院关系

图 7-7

辛德勒住宅室内庭院关系

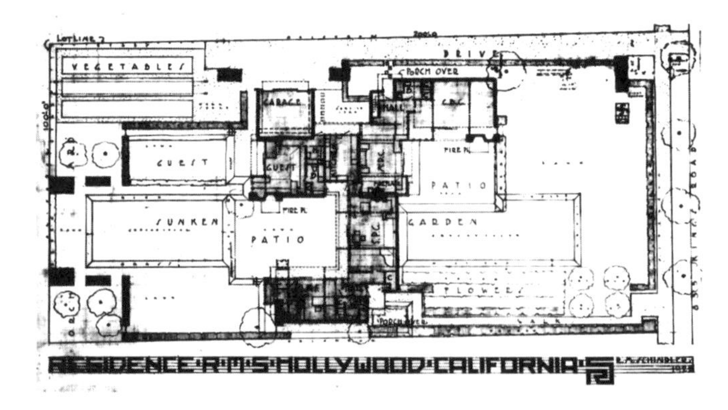

图 7-8

辛德勒住宅平面图

第八章

新需求刺激下的新手段：两次世界大战之间的建筑发展

CHAPTER EIGHT
NEW MEANS STIMULATED BY NEW DEMANDS:
THE DEVELOPMENT OF ARCHITECTURE BETWEEN
THE WORLD WARS

206 ~ 220

1

维也纳巨型居住区的诞生

1918年至1934年，奥地利社会民主党成为领导层的多数党，民主统治下的都城维也纳被人们称为“红色维也纳”。由于第一次世界大战造成的难民、士兵滞留于边境，维也纳人民饱受着严重的通货膨胀、粮食短缺问题，同时，当时大多数的公寓人满为患，成了传染病的温床。而另一方面，务实主义的知识分子们则看到了在这特殊的时代背景下，社会和政治领域中的无限可能性。对于他们而言，这是一个觉醒的时代，一个具有开创性和乐观未来的时代[①]。当时，包括阿道夫·路斯在内的许多艺术家、建筑师等各个领域的知识分子，虽然并不能作为社会学专家站在反对保守派的队伍之中，但他们都密切关注着维也纳的发展和现代化进程。

1917年，奥匈帝国的皇家中央政府曾发布了即刻生效的房客保护法案，依据法案规定，虽然此时奥地利全国范围内通货膨胀严重，但房租水平还需维持在1914年的水平[②]。这条规定使得建设私人住宅的项目根本无利可图，况且战后廉价公寓住房的需求空前高涨，在维也纳建设公共住房成为社会民主党的首要任务。此前的工业革命带来了造价低廉的混凝土、钢材等工业建筑材料，再加上几乎没有私人建设用地的需求，公共住宅建设计划足以顺利进行。与其他城市不同的是，马克思主义者掌控下的维也纳，社会民主党等左翼人士并没有跟随当时的郊区化潮流，而是选择了重建市中心。

从1925年到1934年间，在“公共住宅楼”内，新增了逾六万的公寓单元，这些新兴的巨型廉价公寓住宅区往往围绕着公共绿地建设，根据人们的社会阶层、经济情况等进行住房分配。其中最为出名的是卡尔·马克思大院和乔治·华盛顿大院（图8-1）。

卡尔·马克思大院是红色维也纳运动中最大的，也是最佳的创

① 德语原文：“Es war in den Augen der Pragmatiker eine Zeit des Aufbaus und des Optimismus.” 作者自译。引自 JANIK A，TOULMIN S. Wittgenstein's Vienna. New York：Simon & Schuster，1973.

② Reichsgesetzblatt für die im Reichsrat vertretenen Königreiche und Länder[M]. 1917：No.34、No.36.

③ The red Vienna：Karl-Marx-Hof [J]. Obtained，2015-9-1.

④ Kapfinger O，Steiner D，Pirker S. Architecture in Austria：a survey of the 20th century[M]. Birkhäuser Verlag，1999：66.

⑤ Sportfest in the George-Washington-Hof.

图8-2
卡尔·恩，1884—1959年

新公共住宅项目，包含1382个公寓单元，每个单元面积为30～60平方米，共可容五千人居住。在15.6万平方米的建筑用地中仅有18.5%用于建筑，其他则全部设计为花园与游乐场地，此外，大楼中还配有自助洗衣房、澡堂、幼儿园、图书馆、医生值班室和商业办公室等多种功能辅助用房③。

该大院由奥地利城市规划师、建筑师卡尔·恩设计（图8-2）。恩于1904—1907年就读于维也纳美术学院，师从瓦格纳。从1908年开始为维也纳城市管理机构工作，并主持了20世纪二三十年代的许多公共住宅项目的建设工作，在他的职业生涯中，在维也纳共设计建造了2716个公寓单元④。

作为瓦格纳几位最成功的弟子之一，他善于在作品中表现纪念性，因此他毕业后最开始参与的是维也纳中央墓园设计等墓园项目。随后，随着红色维也纳时期的到来，他转而将全部精力投入公共住宅设计的工作中。在他的作品中，符合时代的表现手法和地域传统元素相辅相成：轴对称、尺度夸张的住宅楼以骄傲，甚至带有一点夸张的戏剧性的面貌点缀在富有历史意义的地段，但并没有破坏城市的传统布局。卡尔·马克思大院巨大的拱门并不通向昏暗肮脏的庭院，而是开阔的花园。大院中还设计了雕塑、壁画等细部装饰，让工匠们在这个失业率极高的时期得以继续工作。这栋建筑正如宣言一般，传达着维也纳工人阶级的意志。

当时另一个著名的公共住宅项目是乔治·华盛顿大院（图8-3），由建筑师罗伯特·奥利和卡尔·克里斯设计（图8-4）。两位建筑师从花园城市的概念出发，设计了5个巨大的庭院，其中的庭院还不时地被用作春季运动会的场地⑤。除此之外的设施都与卡尔·马克思大院类似，旨在提升廉价公共住宅区的生活品质。

图8-1

卡尔·马克思大院

图8-3
乔治·华盛顿大院

乔治·华盛顿大院的建筑师之一罗伯特·奥利在1907年加入了维也纳分离派，并于1912—1913年担任分离派领导人，分离派会馆门口的两个花盆的设计也出自他手（图8-5）。花盆装饰着马赛克拼贴成的贝壳状图案，这一图案作为奥利的个人标志之一，还出现在他其他住宅作品的入口装饰中①。从1904年开始，奥利接手了维也纳众多的住宅设计项目，并且常常参与室内的细部设计；第一次世界大战之后，他同当时的众多维也纳建筑师一样投身于公共住宅的设计建造工作。1927—1932年间，奥利与两位奥地利大师：维也纳美术学院建筑学教授克莱蒙斯·霍兹迈斯特、雕塑家安东·汉纳克在土耳其安卡拉有过短暂的合作伙伴关系，后来由于奥利与霍兹迈斯特意见不合而产生了较大的矛盾，不欢而散。1934年奥利返回维也纳，此后仅偶尔接到规划方面的委托。

图8-4
罗伯特·奥利

另一名建筑师卡尔·克里斯于1913—1915年间就读于维也纳美术学院建筑教授费里德里希·奥曼指导的大师班，毕业后受雇于维也纳市政机构（图8-6）。1921年后他就开始接手公共住宅项目，除了乔治·华盛顿大院之外，他的作品还有安东—舒拉梅大院（Anton-Schrammel Hof，1925—1926）和利伯奈希大院（Liebknechthof，1926—1927）（图8-7）等。

图8-5
分离派会馆门外的贝壳图案花盆

除了上述的几个较著名的项目之外，在当时的维也纳，还出现了大批采用工业建筑材料，迅速装配而成的公共住宅。这些公寓的租金中有40%由维也纳住房税收补贴，剩余的出自维也纳奢侈品税收和联邦基金。这些公共资金的投入使得租赁这些公共公寓的金额十分低廉，租金一般只占住户收入的4%，倘若租户染上重大疾病或者失业的话，还可以推迟缴交房租。特殊的时代背景和社会情况，此前生产技术的提高，以及这些福利政策的推行使得“一战”之后很短的时间内大量巨型居住区在维也纳出现。

图8-6
卡尔·克里斯

① OERLEY R：Kann，darf，soll ich bauen?[M]. Vienna：Krystall publishing house，1929：5-15.

安东·舒拉梅大院

1930年的利伯奈希大院

图8-7

2

奥地利现代主义会展：维也纳制造联盟住宅区展览

建于1930年至1932年间的制造联盟住宅区可以说是奥地利现代主义建筑史上最重要的成就之一。发起建设住宅区的是推动维也纳现代主义发展的代表人物之一——建筑师约瑟夫·弗兰克。住宅区选址在维也纳的郊区，共含有70栋小型独户住宅，分别由33位奥地利制造联盟的建筑师设计；其中除了4位非奥地利籍建筑师以外，多数是维也纳当地建筑师，甚至包括许多初出茅庐的建筑界新人。为了能够更好地展示不同的住宅类型，并为未来其他住宅区的建设提供参考样本，小型住宅包括了独栋、联排、叠拼3种形式，并且特意设计了既能够出售，又能够参与维也纳国际制造联盟展览的样板房。1932年6月5日至8月7日，历时两个月左右的展览共吸引了超过10万的游客[①]。

按照最初的住宅区建设计划，这些住宅都将是控制在较低高度的多层住宅，并划分出一部分作为维也纳市政人员的住所，在展览中突出表现密集型住宅的新设计手法，并为红色维也纳时期的住房紧张问题提供一种不同的解决方案。该项目原定于1930年动工，然而就在一切设计准备工作都就绪之时，原来的投资方突然决定要选择另一场地来建造这块住宅区，整个项目不得不重新规划。最初的场地位于维也纳第十区的法沃利特，属于城市上班族聚集的地段；随后的新场地则处在维也纳十三区席津的莱恩斯（图8-8），一个汇聚了大量中产阶级人群的半乡村地段。在更改场地的风波过后，住宅区项目拥有了新的赞助方：公共设施和建筑材料公司（GESIBA：Public Utility Settlement and Building Material Corporation）[②]。由于

① 维也纳制造联盟网站数据：http://www.werkbundsiedlung-wien.at/.

② BLAU E. The architecture of Red Vienna，1919-1934[M]. MIT Press，1999：97.

新公司仅仅资助带私人小花园的独户住宅建设，加之住宅区面对的住户人群也改变了，因此原有的多层住宅设计不得不全部作废。

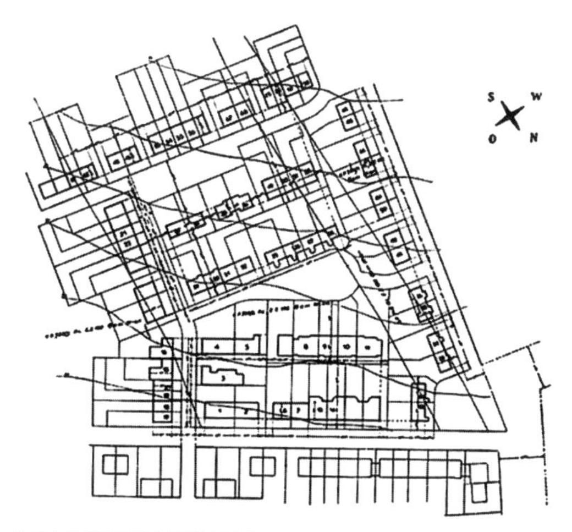

位于法沃利特的住宅区总平面图

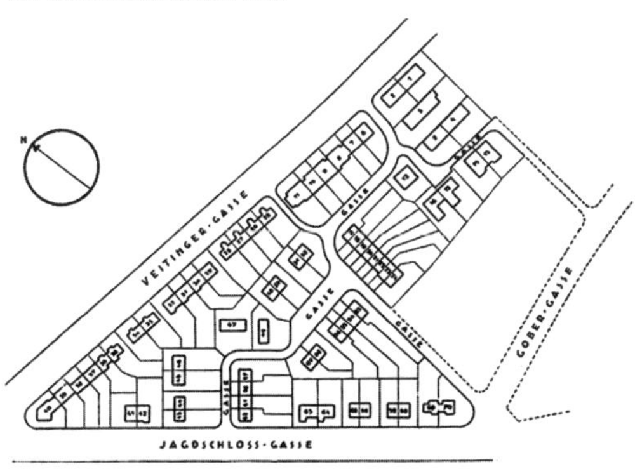

位于莱恩斯的住宅区总平面图

图8-8

制造联盟住宅区的总平面由约瑟夫·弗兰克规划。弗兰克是奥地利维也纳制造联盟的创始人之一，较早就开始研究社区住宅。与同时期的大部分其他的建筑师不同的是，他并不提倡建造巨型居住区，而主张“聚居”概念[①]。由于位于莱恩斯的场地周边处于一种未开发的荒凉状态，弗兰克试图通过规划让住宅区成为一个不依赖外界而可以自我独立的有机体。为此，他设计了一条蜿蜒的小路连接现存的两条主道路：维亭格路和杨舒洛斯，并在住宅区的中心位置设计了公共开放空间作为节点以激活整体。在建筑设计方面，弗兰克十分强调“生活感”，反对居住住宅的标准化、理性化、机械生产化。因此他想要通过维也纳制造联盟住宅区独特的规划、设计方式来表达自己不同于德国斯图加特制造联盟住宅区或法兰克福新建筑住宅区的设计概念：相对于优先采用新技术、新建造方式的做法，建筑师更应该优先考虑居住者的个人想法，应该给居住者自由选择喜爱的家具亦或装饰的权利。在他1931年出版的理论著作《建筑作为象征》(*Architecture as Symbol*)中他就提道：“德国现代建筑可能称得上是功能性的、实用的、符合设计准则的，并且大部分都十分迷人，但是它们仍然是毫无生机的。”[②]（图8-9、图8-10）为了让住宅区具有整体性，弗兰克制定了几个独栋住宅的模数标准，并且对每栋住宅的用地红线、外立面设计、屋顶样式、采用传统的空心砖墙的结构做法都做出了统一的规定，并鼓励各位建筑师们在此基础上最大限度地发挥自己的特长。在室内设计方面，本次住宅区展览的首要目的则是展示维也纳现代家庭全新的生活方式。在这些住宅中，

图8-9
12号住宅客厅

图8-10
46号住宅客厅

图8-11
住宅自带的花园

可以明显看到客厅等家庭共享空间被扩大了，并且和室外自然环境联通，经过精心设计的家具和装饰也完全能够满足现代化生活的需求。

另外值得提及的是，在两战期间，维也纳建筑设计的一大主题便是住宅和花园的联系。“一战”刚刚结束的时期，由于物资短缺，贫困的人们在住所附近开辟种植花园以维持生计。在维也纳制造联盟住宅区建立的时候，虽然经济情况已经有所好转，不再需要依靠花园种植提供食物，但是人们仍然保留了开辟花园的设计习惯。维也纳制造联盟住宅区中的花园大多作为休憩的场所（图8-11）。树篱取代了传统的铁栅栏对不同住户的花园进行了分割，木花架或铁棚架则给住户提供了荫蔽，“建筑向光延伸，对自然张开怀抱”③，奥斯卡·斯特尔纳德将这种概念概括为：“住宅和自然的相互渗透。”

参与住宅区建筑设计的包括著名的约瑟夫·霍夫曼、阿道夫·路斯等已逾60岁的富有经验的建筑师，也有像克莱蒙斯·霍兹迈斯特等正值事业上升期的中年建筑师。当时霍兹迈斯特正是维也纳美术学院的教授，受弗兰克的邀请参与了2栋住宅的设计。霍兹迈斯特不仅自身是一名出色的建筑师，在奥地利、意大利、土耳其、德国都留下了不朽的作品，更是一名优秀的教授，在1955至1957年担

① 红色维也纳网站约瑟夫·弗兰克个人简介：http://www.dasrotewien.at/seite/frank-josef/.

② “Modern German architecture may be functional，practical，correct in principle，often even charming，but it remains lifeless.”引自FRANK J. Architecture as symbol[M]，1931.

③ 原文：Oscar Strnad：“Just as the building as such stretches itself towards the light，opening itself up to nature.”作者自译。

任维也纳美术学院院长期间，他亲自执教大师班，威尔海姆·霍兹鲍耶、汉斯·霍莱因、古斯塔夫·派施尔等对奥地利现代建筑贡献颇大的建筑大师都曾是他的学生。住宅区中第23、24号住宅均出自霍兹迈斯特之手（图8-12）。住宅的场地较为狭长，霍兹迈斯特将入口处抬高了数个台阶与地面分离开来，并设计了木遮阳篷和独特的向两侧打开的窗户，使得住宅看起来宁静而不失趣味。平面上，霍兹迈斯特将一层分为2个主要部分：大厅、厨房和厕所被放置在了靠街道的一侧，而客厅则面向花园一侧。特别的是，霍兹迈斯特在客厅通往花园的玻璃门两侧设置了一面层楼高的墙，加之客厅和花园间两级台阶的高差，自然围合出了过渡空间，使得室内外相互渗透但互不打扰（图8-13、图8-14）。

除了霍兹迈斯特之外，他当时的学生理查德·鲍尔，约瑟夫·霍夫曼的学生沃尔特·路斯、奥托·尼德莫瑟等青年建筑师也在住宅区的建设中大显身手。此次的住宅区展览不仅给他们提供了与国内和国际的建筑大师共事的机会，更提供了有助于他们进入国际建筑界视野的平台（图8-15～图8-17）。

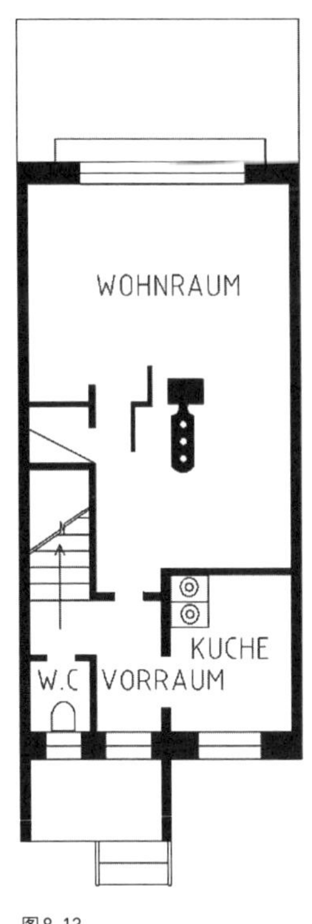

图8-13
23、24号住宅一层平面图

图8-12
23、24号住宅主立面

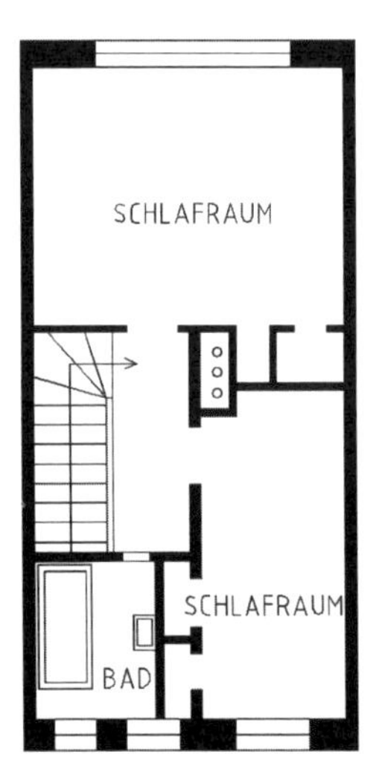

图8-14
23、24号住宅二层平面图

图8-15
理查德·鲍尔6、7号住宅主立面

图8-16
沃尔特·路斯，19、20号住宅主立面

图8-17
奥托·尼德莫瑟，17、18号住宅主立面

几乎是在制造联盟展览会开幕的同一时刻，维也纳当地居民就已经给新的住宅区起了众多昵称：彩色小箱（Coloured -hutches）、立方体住宅（Cube Estate）、疯狂小镇（Crazyville）等。在现代建筑的发展进程中，从十几年前奥布里希的分离派会馆“金色圆白菜”、瓦格纳的卡尔广场地铁站“鹦鹉笼”和邮政储蓄银行“平钉板条箱”给新建筑“取名”已经成为维也纳的一个传统。媒体对于这个充满新奇的住宅区的大肆报道也说明了住宅区对于当时维也纳建筑界的震动之大，从开幕式以来的数个月内，维也纳广播公司都持续地报道和住宅区有关的新闻、对建筑师的采访，等等。虽然有部分反对的声音指出维也纳制造联盟住宅区太过昂贵，外观太过于现代化，平面设计存在缺陷等问题，但大多数人还是能从中看到维也纳现代建筑的未来和新居住方式的美好。《工人报》在开幕式的报道中将住宅区称为“建筑的博物馆”，正面报道很快传遍了奥地利，并且很快进入了国际视野。制造联盟住宅区展览不仅仅是一次有趣的建筑展览，是国内和国际最好的建筑师共同努力的结晶，更是维也纳现代建筑发展史上一个重大的事件[①]。

令人遗憾的是，本次展览本应在世界范围内对未来现代建筑的发展带来至关重要的影响，然而在“一战”后政治和经济危机严重的奥地利，人们渐渐意识到，基于这些因素的限制，未来建筑和未来的生活方式都无法像如今制造联盟住宅区所展现的这般尊重个人自由。展览刚结束不久，奥地利制造联盟内部便产生了巨大分歧。1934年由克莱蒙斯·霍兹迈斯特建立的新制造联盟代表了右派的保守思想以及反犹主义倾向；左派的约瑟夫·弗兰克则继续领导着原有的制造联盟组织。然而随着弗兰克移民至瑞典，失去了领导人的制造联盟已抵抗不住各方压力，1938年，社会党介入并解散了制造联盟。维也纳制造联盟住宅区最终也仅引起了一时的轰动，但并未成为设想中影响深远的“现代住宅区模范”。

① 德语原文Max Eisler：“Denn es geht ja hier nicht um eine beliebige，mehr oder minder interessante Ausstellung, sondern um eine Lebensfrage unserer Kultur.” 作者自译。

第九章

重创后的重生：二战后的建筑复兴

CHAPTER NINE
REBIRTH AFTER TRAUMA
ARCHITECTURAL REVIVAL AFTER WORLD WAR II

222 ~ 232

1

奥地利现代建筑再崛起：罗兰德·莱纳

在20世纪30年代初，支持德奥合并的呼声甚高；第二次世界大战前，德国向奥地利施压，要求奥地利政府承认奥地利纳粹党的合法地位，甚至让该党参与奥地利的政府事务。1938年，奥地利纳粹党推翻了奥地利共和政府，纳粹德国与奥地利第一共和国合并，组成了大德意志，奥地利失去了独立国家的地位。1944年德苏两国在维也纳发生了8天的激烈战斗，德军节节败退使得奥地利迅速被苏联军占领。1945年德国战败后，奥地利临时政府成立才得到"二战"盟国的承认，直至1955年同盟军撤出奥地利，奥地利才正式恢复主权。奥地利第二共和国的第一位总理利奥波德·斐格尔在1945年的圣诞有这样一段话，可以贴切反映战后奥地利的惨状："我无法给予你们任何圣诞礼物。如果你们有幸拥有一颗圣诞树的话，我也无法给予你们装饰圣诞树的蜡烛，无法给予你们哪怕一片面包，一颗油菜，一件装饰品。我们一无所有。我唯一能做的只能恳求你们：请对我们年轻的奥地利抱有一点信心吧！"[①]"二战"后的奥地利人民面临着贫困、食物短缺、高失业率等严峻的问题，为了生计，有些人只能背井离乡前往重工业高度发展的国家以求一份工作养家糊口。和"一战"后的情况不同，此时的奥地利人民对政治改革和党争毫无信心也毫无兴趣，他们只想要安稳度日。

1947年美国启动了欧洲复兴计划，奥地利获得了14亿美元的援助，成为该计划的主要受援国之一。欧洲复兴计划临近结束之时，奥地利的国民经济已经恢复到了战前水平，并迎来了前所未有的高速发展时期，社会经济一派繁荣。随着战后建筑界的风云人

① The Press：Figls Radiorede 1945：The "Poldl" touches us today (24 December 2009). "I can't give you anything for christmas. I can't give you candles for your christmas tree - if you even have one, not a single piece of bread, no cole, no decoration. We have nothing. I can only beg you: Have faith in this young Austria!" 作者自译。

② 王路.维也纳的建筑传统和现代建筑[J].世界建筑，1998 (6)：70-75.

③ Vienna Convention Bureau. Wiener Stadthalle, Betriebs- und Veranstaltungsges.m.b.H, Retrieved 2014-12-24.

图9-1
维也纳城市剧场馆D外景

物罗兰德·莱纳从德国回到维也纳，奥地利现代建筑的发展被进一步推动了。

罗兰德·莱纳自十八岁时就树立了要成为建筑师的目标，由于在维也纳技术大学和德国城乡规划学院的学习经历，他得以接受建筑设计、结构设计、城市规划等全面的技能培养。与当时另一位著名的保守派建筑师克莱蒙斯·霍兹迈斯特不同，莱纳的建筑注重建筑与环境的联系，注重基础设施的高效性[2]。

“二战”后重返奥地利的莱纳参与了许多修筑修复和重建的工作，其中包括主持重新设计建造了维也纳制造联盟住宅区内6栋被炸毁或损毁严重的住宅。而在建筑设计方面，莱纳最重要的作品当属维也纳城市剧场（图9-1、图9-2）。该剧场至今仍是奥地利最大的活动中心，由A馆～F馆六大场馆和与其相连的游泳池组成，其中包含两个运动馆、一个溜冰场，一大一小两个多功能厅和带有舞台的活动场馆，每年能吸引大约100万的游客[3]（图9-3）。

图9-2

维也纳城市剧场馆D内景

图9-3

维也纳城市剧场游泳馆内的游泳竞赛

1952年维也纳城市剧场的设计竞赛吸引了16位来自世界各地的建筑师、规划师参与，其中不乏阿尔瓦·阿尔托这般优秀的现代派建筑师。最终来自奥地利的莱纳在竞赛中脱颖而出。该项目1953年正式开始施工，莱纳主持设计了A馆～E馆5个场馆。规模巨大的城市剧场建设耗时较大：1957年运动馆A、B开放，1958年场馆C、D开放，场馆E于1994年才正式开放，而由其他建筑师设计的场馆F则是在2006年莱纳逝世后两年才对外开放。在六个主要的场馆中，多功能场馆D是奥地利最大的室内活动场馆。馆D长110米，宽98米，最高高度达26.6米，其中最重要的木铺地活动场面积将近5500平方米，可容纳多达16152人。该场馆还装配有特殊的幕墙系统，北侧和南侧的一层看台能够完全被围合以便于将场馆分为几个不同的活动区域。1974年开放的游泳馆则以其出色的结构工程设计而出名。游泳馆内的主要结构均被暴露在外并且涂上了鲜艳的色彩，大气而自信。钢结构的运用满足了室内游泳馆及其看台的大跨度要求，其屋顶结构从北部的楼梯间一直延伸至西边的跳水台。立面设计上，莱纳主要采用了掐丝玻璃幕墙，不仅有助于室内空间与室外花园相互渗透，还为室内提供了更好的采用条件和通透性[①]。

在城市规划方面，莱纳也有所造诣。1958年，他被维也纳市政府委任接替卡尔·海恩里希·布鲁纳作为维也纳城市规划师来解决当时所面临的土地利用规划问题。莱纳悉心着手研究维也纳的城市规划，4年后，他提出了规划概念并得到了肯定，城市建设工作按他的计划有条不紊地进展了一段时间。可惜的是，由于莱纳和行政机构之间屡屡产生摩擦，工作并不顺心的莱纳选择了辞职[②]。

除了维也纳以外，莱纳的作品还分布在奥地利各地和德国的部分城市。莱纳晚年是联邦德国战争纪念委员会的成员，奥地利国家科学与艺术勋章评选委员会艺术分部的主席，也一直积极活动在反对环境破坏的前线，为他所热爱的事业奉献了自己毕生的精力。

① Driendl*architects. Posted：2011-9-20.

② https：//www.wien.gv.at/stadtentwicklung/studien/pdf/b008280e.pdf.

2

文脉与历史的延续性：威尔海姆·霍兹鲍耶

进入20世纪60年代之后，欧洲大部分国家的经济水平都相对稳定，建筑业也处于不断发展的上升阶段，建筑师们常有参与建筑设计竞赛的机会。在这样的时代背景下，赢得了众多设计竞赛并建成了许多大型公共建筑的威尔海姆·霍兹鲍耶可以说是维也纳乃至整个奥地利建筑界最有影响的建筑师①。霍兹鲍耶于1930年出生在奥地利萨尔茨堡，曾就读于维也纳美术学院教授克莱蒙斯·霍兹迈斯特的大师班，毕业后前往美国麻省理工学院深造（图9-4）。1964年，他在维也纳创办了自己的第一间设计事务所。

图9-4
威尔海姆·霍兹鲍耶，1930—

建筑评论家常把霍兹鲍耶视为“能够设计出兼顾纪念性、简洁性，而又充满个人风格的务实派建筑”②的代表人物，他的作品“扎根于实际而非意识形态”③。霍兹鲍耶本人在耶鲁大学任教期间，也十分强调建筑历史的重要性，在设计课程中，致力于引导学生关注对场地的文脉研究。

霍兹鲍耶的作品除了外在结构所体现出的纪念性之外，在细部则充分体现了他对于人的尺度的考量。他参与了维也纳的储气罐（图9-5、图9-6）改造项目。原始的储气罐建设于1896年至1899年间，直径约60米，高度约70米，最早用于储存在投入消费使用之前的天然气。由于高浓度的一氧化碳可能造成的安全隐患，储气器在1984年被关闭，而内部被拆除一空的储气罐和其他建筑部分则被作为历史遗迹保留了下来。1995年，关于储气罐改造概念征集的竞赛展开后，这几幢充满历史趣味的工业建筑获得了多方面的关注，最后决定将其改造为包含居住、工作、娱乐功能的公寓、学生宿舍、

① 王路.维也纳的建筑传统和现代建筑[J].世界建筑，1998（6）：73.

② 引自采访HOLZBAUER W. In：Was macht eigentlich... Wilhelm Holzbauer. ECHO Salzburg online，2011-8-5.作者自译。

③ 德语原文："deren Wurzeln in einer pragmatischen Grundhaltung liegen und nicht in einer ideologischen." 作者自译。引自zitiert nach Ulrike Springer. Von der Avantgarde zur Baukunst. In：RWR 4/2009，S.18，Abschnitt Pragmatisch und monumental-Wilhelm Holzbauer.

办公楼、购物中心和电影院的综合型公共建筑。1999年，霍兹鲍耶参与了其中公寓的设计。建成的D幢储气罐是4个储气罐中唯一一个拥有中央庭院，并且119个公寓都拥有属于自己的小型绿地或者阳台。霍兹鲍耶对此概念的阐述是："居民不需要能够相互看到对方的住宅，也不需要被迫欣赏同一片绿地。"

霍兹鲍耶的作品常使用几何形式的建筑体块，在追求韵律的同时避免出现大面积的对称性或轴向性，从而达到一种"平衡状态"。这种处理方式或许和他成长的萨尔茨堡城市布局有着紧密的联系。萨尔茨堡城中，街道、广场和庭院组成的严谨的排列常常被地形的偏离而打破，反而形成了类似迷宫的效果。萨尔茨堡对霍兹鲍耶的影响也反映在他的大型建筑作品中，霍兹鲍耶擅长使用不同材料和序列来设计建筑立面，最大限度地脱离颜色、材料和技术的限制，而加以强烈的个人色彩。正如他个人的主张，对他而言，建筑设计是一种通过建筑物形式来表达的生活哲学。

图9-5
储气罐D幢内景

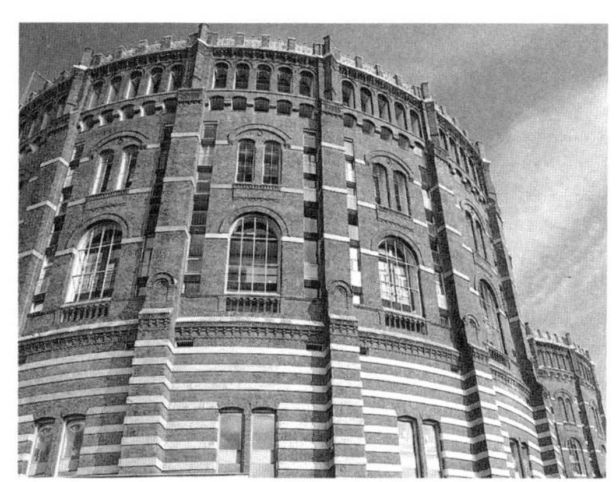

图9-6
储气罐

3

一切皆为建筑：汉斯·霍莱因

汉斯·霍莱因（图9-7）1956年从维也纳美术学院教授克莱蒙斯·霍兹迈斯特的大师班毕业，3年后前往伊利诺伊理工大学以及加州大学伯克利分校完成了硕士学位。这些年间他与其他数位现代主义大师密斯·凡·德·罗、赖特以及理查德·诺伊特拉相识。

图9-7
汉斯·霍莱因，1934—2014年

霍莱因在瑞典和美国的建筑公司工作过一段时间，随后便决定定居维也纳。他的第一份设计委托是设计维也纳雷蒂蜡烛店（图9-8）店面。新颖的铝制立面、精致的节点构造，从他的室内设计作品中可以看出他对与材料细部的考究与丰富的经验。当时的《建筑论坛》杂志将其描述为："虽然这份委托比通常意义上的第一份委托的规模都小，只是设计一间商店和12英尺的蜡烛展示橱窗，但这为他带来了热情的客户以及在维也纳潮流街头的一席之地。"项目完成后，随之而来的是美国诺瑞兹纪念奖，大批的商店设计委托和国际建筑界关注的目光。

图9-8
维也纳雷蒂蜡烛店沿街立面，1964—1965年

逐渐地，霍莱因也开始尝试设计其他形式的建筑，从独栋别墅到公寓住宅、办公楼和博物馆。1978年，他在维也纳设计完成了游客办公室。1982年，在杜塞尔多夫附近的门兴格拉德巴赫完成了市博物馆的设计，这个项目为他带来了更高的评价和更多的机会，同年，霍莱因获得了建筑界最高荣誉，普利策建筑奖。同年，霍莱因还赢得了两项国际竞赛，其中一个便是设计法兰克福现代艺术博物馆（图9-9）。从博物馆的大厅中可以看到维也纳的建筑传统对他设计的影响，从弧形玻璃天窗中，能够体验到瓦格纳的维也纳邮政储蓄银行中厅的灵魂。同在这一年，霍莱因举办了主题为"梦想与现

① 王路.维也纳的建筑传统和现代建筑[J].世界建筑，1998（6）：74.

② 普利策建筑奖官方网站，汉斯·霍莱因获奖评价：http://www.pritzkerprize.com/

实”的维也纳文化展览，在维也纳开幕后也在世界各地巡展。瓦格纳因为追求新材料以及建筑的透明性而被称为“现代建筑的先驱”，而霍莱因则因为继承了瓦格纳的风范而被许多理论家称为后现代建筑师，虽然并不完全正确，但是这一标签具有时代特色①。

1990年，在维也纳的市中心一个转角地段，紧邻史蒂芬大教堂，霍莱因的作品哈斯大楼（图9-10）的建成引起了很大的争议。在这个被众多历史建筑环绕的地区，哈斯大楼后现代主义的建筑风格，新颖的建筑材料玻璃和石材的结合运用，体现了当时多元化建设的思潮。为了表现对人文传统的敬重，霍莱因运用反光的镜面立面刻意强调了哈斯大楼所处的历史街区环境，同时，每个单独的玻璃板都是功能性的窗户，向外倾斜时可利于通风。基于“现代建筑建立在中世纪建筑废墟之上”的原则，霍莱因运用了圆弧形的立面和中世纪的建筑背景相衔接。除了哈斯大楼之外，霍莱因在维也纳的作品还有米歇尔广场改建等。

正如普利策评委会对霍莱因的评价，他是建筑界的大师，能够运用智慧和热情熟练地运用传统元素来演绎现代主义。他是一名建筑师，同时也是一位艺术家，他拥有设计博物馆的天赋，并热衷于利用形式多样的绘画、拼贴画亦或雕塑，在博物馆中倾注自己对艺术的理解。在他设计的博物馆、学校、商店和公共建筑中，他擅长将大胆的形式和丰富的颜色与精致的细部设计紧密结合，永远不害怕同时使用最华丽的传统大理石和最现代的材料②。

图9-9
法兰克福现代艺术博物馆

图9-10
维也纳哈斯大楼

4

传统语汇与现代材料的结合：古斯塔夫·派施尔

古斯塔夫·派施尔在维也纳美术学院学习建筑，师从克莱蒙斯·霍兹迈斯特（图9-11）。1952年至1954年间，派施尔是罗兰德·莱纳建筑事务所（Roland Rainer's Studio）的一员；1955年，他开设了自己的个人事务所；1991年派施尔及合伙人事务所（Peichl & Partner Studio）成立；2001年，鲁道夫·韦伯加入后，Peichl & Partner ZT创立。和霍莱因一样，派施尔也是维也纳建筑传统的追随者。

派施尔在1969—1982年为ORF设计的6个工作室使他在建筑界崭露头角。6个工作室的建设全都依照同样的建筑原则：所有房间都环绕圆弧形的中心。派施尔在维也纳完成的作品包括1979—1983年间对其老师霍兹迈斯特1937年设计的维也纳广播大楼的改建（图9-12）。改建作品运用了派施尔喜好的裸露的混凝土，主立面简朴典雅，洋溢着古典主义的平和美[①]。派施尔其他的代表作包括德国波恩的德国艺术展览馆和柏林德国国会大厦附近的幼儿园项目。

在奥地利，奥托·瓦格纳、约瑟夫·玛丽亚·奥布里希、约瑟夫·霍夫曼等人对20世纪初的“现代建筑”探索贡献了莫大的力量，然而在推翻国家社会主义专政后，部分传统的艺术精髓并未被很好地传承下来，即便有的建筑艺术幸免于难，也被公众所遗忘了。重新独立后，奥地利的建筑师们面临的艰难任务之一便是唤起奥地利沉睡的现代建筑艺术，因此“二战”后的这段时期是不可忽视的。莱纳、霍兹鲍耶、霍莱因、派施尔等人同属于战后活跃在国际建筑界的建筑师，虽各自持有不同的建筑理念而各择其道，却留下了相当优秀的现代主义建筑作品，为奥地利的建筑树立了优秀的国际形象。

图9-11
古斯塔夫·派施尔

① HINTEREGGER F-M.40 Jahre Funkhaus: Alles Gute, Peichltorte![EB/OL]. https://vorarlberg.orf.at/v2/tv/stories/2555401/，2012-10-20

图9-12
改造后的维也纳广播大楼，1979—1983年

第十章

从维也纳分离派到现代主义

CHAPTER TEN
FROM VIENNA SECESSION TO MODERNISM

在工艺美术运动之后，新艺术运动从19世纪90年代开始，席卷欧洲和美国。工艺美术运动时期所强调的简单、朴实和“合适的设计”这种功能主义的思想特征对于维也纳新艺术运动中的设计者们也具有重要的影响作用[①]。从瓦格纳在《现代建筑》(*Modern Architecture*)中提出“建筑设计应该为现代生活服务而非模仿过去的风格，设计是为现代人服务而非为了古旧复兴”[②]，到几位奥地利前卫设计家组织“分离派”，并以“为时代的艺术，为艺术的自由”为口号在艺术创作和建筑设计中不断实践创新，短短几年间，不同于法国、比利时、西班牙新艺术运动风格矫饰倾向的，具有理性结构的分离派建筑作品被呈现在人们面前。正如苏格兰的格拉斯哥四人，以及美国建筑师赖特的建筑探索一样，维也纳分离派开始尝试摆脱单纯的装饰性，而向功能第一的设计原则发展，应该被视为介于新艺术和现代主义设计之间的一个过渡性阶段的设计运动[③]。

进入20世纪以来，欧美各国的工业技术迅速发展，设备、材料、机械、工具的迭代极大地促进了生产力的发展，为建筑设计提供了更大可能性的同时也引发了新的问题。建筑如何同迅速发展的科学技术相配合？如何满足现代人对于建筑功能的需求？如何传承而又如何创新？虽然维也纳分离派的艺术家追求把艺术、设计和生活紧密结合，并做过多方面的探索，包括瓦格纳和路斯在内，都提出了富有创新精神的建筑观点；但从实际的效果看来，目标与现实之间仍存在较大差距。在19世纪末、20世纪初这个工业生产迅猛发展的阶段，大多数统治阶级，亦或是资本家都还未意识到艺术与机器生产之间的关系。因此，艺术家们的许多理论或设计都难以得到政策和经济上的支持。而分离派的建筑师对材料的考究、对工艺的追求，恰恰使得他们的建筑作品造价高昂而不适合机械化生产，不能满足大众。因此，尽管此时奥地利涌现了一大批优秀的设计师及极具时代特色的作品，但分离派的影响也是有限的。

当时大部分欧洲人都认为整个西方社会已经进入资本主义成熟阶段，很少人相信他们将迎来欧洲历史上史无前例的大战。1914年第一次世界大战爆发，这场进行了4年的战争对于欧洲自工业革命以来取得的经济、文化的成就造成了巨大的破坏。战后领土庞大的奥匈帝国瓦解，各种族之间纷乱不断，政治混乱，国家结构、社会结构、经济体制脆弱，此时的建筑发展停滞不前。直到1919—1922年相对和平的时期，欧洲各国才逐渐开始恢复经济、调整社会关系，战后重建工作的开展以及新的需求的产生刺激了新的设计方式的出现，来为现代社会服务。这个阶段，欧洲各国在现代建筑上取得了非常重大的突破，欧洲一批先进的设计家、建筑师形成了一个强有力的集团，推动“新建筑”运动。现代建筑为了降低建筑成本并缩短建设周期，采用了玻璃水泥、钢材等工业建筑材料，推行预制件装配的建造方式。现代主义完全取消功能性物品的装饰，实现了路斯的“装饰罪恶”的原则[④]。

后现代昙花一现般过去，而其后的解构主义也如过眼云烟。20世纪末期，现代主义逐渐恢复欧洲建筑的主体地位，对于奥地利当代建筑师，这意味着他们需要在立足于自身地域传统之上的同时，努力寻找自己独特的形式定位。纵观自工业革命以来200多年的现代建筑发展，现代建筑从战后重建工程开始，经历了复杂的修正、改造，经历了后现代主义的种种流派的冲击。新世纪的开始，随着国际交流的日益频繁和信息技术的广泛应用与传播，新生代建筑师能够在无界的知识和信息领域充分汲取养分。信息时代中产生的建筑师出现了，他们致力于设计具有时效的建筑，并擅于利用新媒体的力量来获得世界范围内的广泛关注。年轻一代有意识地从已知方案和类型中跳脱出来，尝试着引入一种全新类型的语汇，同时也在追求着结构和技术的理性，注重文脉的传承与创造性的应用。虽然我们无法预测本世纪是否可能出现新的建筑运动，但是基本可以确定世界建筑会维持在以现代主义为基础的原则上发展的步调[⑤]，并且逐渐展现多元的面貌。

① 王受之.世界现代建筑史[M].北京：中国建筑工业出版社，1999：86.

② WAGNER O. Modern architecture：a guidebook for his students to this field of art[M]. Getty center for the history of art and the humanities，1988：24.

③ 同①，85页。

④ 同①，132页。

⑤ 同①，398页。

考察手记

EXPEDITION NOTE

238 ~ 239

整整一个世纪前，在1918年的夏天，那一个象征“吹奏新时代号角”的声音渐息。“维也纳分离派”，这个在本书中被提及次数最多的名词，是一个契机，我们借此踏上探访中欧地区的建筑考察之旅，重新翻阅那段关于分离派激昂澎湃的时代故事；也是一个线索，我们依循有关它的蛛丝马迹，求证所见的点滴历史印记；更是一个巧合，在它的“领航旗手”奥地利建筑大师奥托·瓦格纳逝世100周年之际，我们有幸能一起回顾这段波澜壮阔的建筑思潮变迁。我们跋涉千里，用一个失眠者所能付出的所有代价，去捕捉每一次心灵的震颤，让更多的人再次聆听这段在世纪之交“古典迈向现代”的时代号角。

2016年6月，在湖南大学建筑学院第四届“杰华烽雨”学术旅行奖学金的资助与支持下，我们展开了一轮新的建筑考察计划。基于承袭该奖学金设定的“地域现代主义”总主题，这次建筑考察的地点范围被指定为中欧地区。奥托·瓦格纳的光芒让我们将研究的目光投向了曾经活跃在这一区域的分离派运动。在考察出发前，我们搜寻和整理的国内有关分离派建筑的相关文献数量并不算多，涉及内容也相对比较零散。而事实上，分离派艺术运动思潮自从19世纪末在维也纳这座城市生根发芽以来，持续影响了整个奥地利地区，并同时在中欧地区的多个国家乃至全世界，有着深远至今的传播与影响。我们决定更多地以建筑学的视角切入这段历史，以分离派建筑的核心人物奥托·瓦格纳和分离派运动的发源地维也纳为考察出发点，来追根溯源，找寻其他同时期的分离派建筑师，以及在这之后其他地区和分离派运动影响相关的建筑师们，了解他们的建筑观点和思想主张，用足迹串联“分离派”线索下中欧地区的现代化建筑实践。

同年8月，我们踏上前往欧罗巴的旅程，从奥地利到斯洛文尼亚，再到捷克等多个国家。旅程的第一站是奥地利，作为分离派运动的重要发源地和主要活动地，首都维也纳更是当时文化的交流圣地、前卫思潮的聚集之所，在20世纪初涌现了很多才华横溢的分离派建筑师们。除奥托·瓦格纳外，还有约瑟夫·奥布里希、约瑟夫·霍夫曼等人，其中很多是瓦格纳在维也纳美术学院（The Academy of Fine Arts Vienna）时教授的学生，或者是工作室的后辈，受到过瓦格纳的影响，沿袭了分离派的艺术主张并发展出了新的观点。奥地利是他们的实践场，站在一百年后的今天，在现代主义已经成为历史背景的今天，再回顾他们遍布城内外的这些建筑作品，再认识这些曾经站在古典的基石上去突破固有认知的现代化探索，我们也得到了更多新的理解。同时，我们也将更多思考延展到了第二次世界大战之后乃至奥地利当代建筑师上，如罗兰德·莱纳（Roland Rainer）、霍兹鲍耶（Wilhelm Holzbauer）、霍莱因（Hans Hollein）等人，帮助我们认知在分离派后基础上新一代建筑师在国际建筑舞台上的继承和创新。

之后，我们继续探访了斯洛文尼亚、捷克等其他中欧国家，探寻分离派的后续影响与传承踪迹。卢布尔雅那作为斯洛文尼亚历史最悠久，规模最大也是最重要的城市，其城市及建筑的发展主要基于1921年前后的城市规划重建活动，而主持重建工作并赋予这座城市建筑古典气质、现代主义形象的关键人物之一便是瓦格纳的弟子约瑟普·普雷其尼克。而另一个瓦格纳的弟子，扬·科特拉则将现代建筑萌芽的种子从维也纳带到了布拉格，让捷克现代建筑与当时欧洲最新的建筑思潮接轨，并直接影响了之后的捷克立体主义和众多捷克建筑师。对于20世纪中欧地域的现代建筑化探索贡献了莫大的力量。

旅程过后的10月，开始正式整理书稿资料。以时间为轴，历史变迁为尺，重新梳理这段建筑历史及其后续延展。我们用影像记录画面，用文字记录思考，在分离派这条线索的引领下，以建筑学的主视角，跟着陈翚老师把考察见闻与对这段历史的再理解作为成果一同呈现出来。回顾这一年半，感慨颇多，历经多次修改与反复校核，有很多收获也依旧有不足之处，诚望指教。同时，在本书的资料收集和整理过程中，得到了来自各方的大力支持与帮助，在此表示衷心的感谢。

蓝萱，赵亮，张婷，廖若微，林可馨

图片来源与参考文献

IMAGE CREDIT & REFERENCE

· 图片来源 ·

IMAGE CREDIT

图片编号	图名	图片来源	作者
图1-1	古罗马万神庙，建筑中的几何美学	https://commons.wikimedia.org/wiki/File:Pantheon_section_sphere.svg	Cmglee
图1-2	水晶宫	https://commons.wikimedia.org/wiki/File:Crystal_Palace.PNG?uselang=zh-cn	
图1-3	《处决自己儿子的布鲁特斯》，雅克·路易·大卫	https://commons.wikimedia.org/wiki/File:David_Brutus.jpg?uselang=zh-cn	
图1-4	法国骑兵凯旋门	https://commons.wikimedia.org/wiki/File:Paris_-_Jardin_des_Tuileries_-_Arc_de_Triomphe_du_Carrousel_-_PA00085992_-_003.jpg?uselang=zh-cn	Thesupermat
图1-5	美国林肯纪念堂	https://commons.wikimedia.org/wiki/File:Lincoln_Memorial_ (May_2014)_crop.jpg?uselang=zh-cn	TJH2018
图1-6	法国巴比松画派	https://commons.wikimedia.org/wiki/File:Jean-Fran%C3%A7ois_Millet_-_Gleaners_-_Google_Art_Project_2.jpg?uselang=zh-cn	
图1-7	折中主义建筑	https://commons.wikimedia.org/wiki/File:Blaha_R%C3%A1k%C3%B3czi.JPG?uselang=zh-cn	BarnaRovács (Rovibroni)
图1-8	英国议会大厦	https://commons.wikimedia.org/wiki/File:London_Parliament_2007-1.jpg?uselang=zh-cn	Alvesgaspar
图1-9	约翰·拉斯金，1819—1900年	https://commons.wikimedia.org/wiki/File:John_Ruskin_1863.jpg	
图1-10	威廉·莫里斯，1834—1896年	https://commons.wikimedia.org/wiki/File:William_Morris_age_53.jpg?uselang=zh-cn	
图1-11	红屋	https://commons.wikimedia.org/wiki/File:Philip_Webb%27s_Red_House_in_Upton.jpg	Ethan Doyle White
图1-12	莫里斯的平面设计多以植物为题材	https://commons.wikimedia.org/wiki/File:Sir_Edward_Burne_Jones_and_William_Morris_-_Flora.jpeg https://commons.wikimedia.org/wiki/File:Brooklyn_Museum_-_Wallpaper_Sample_Book_1_-_William_Morris_and_Company_-_page061.jpg	
图1-13	身着汉服的宾	https://commons.wikimedia.org/wiki/File:S._Bing_en_kimono.jpg	
图1-14	新艺术之家	https://commons.wikimedia.org/wiki/File:H%C3%B4tel_Bing_en_1895.jpg	Édouard Pourchet
图1-15	19世纪日本浮世绘木刻（左）新艺术运动画家阿尔丰斯·穆夏的作品（右）	https://commons.wikimedia.org/wiki/File:Great_Wave_off_Kanagawa2.jpg(左)； https://commons.wikimedia.org/wiki/File:1897._Zodiac.jpg(右)	
图1-16	奥尔塔住宅与工作室，维克多·奥尔塔	https://commons.wikimedia.org/wiki/File:Hortamuseum.tif	Paul Louis
图1-19	格拉斯哥艺术学院，麦金托什	格拉斯哥艺术学院官网 www.gsa.ac.uk	
图2-2	分离派绘画《吻》，克里姆特	阿森修. 瓦格纳与克里姆特[M]. 王伟，译. 西安：陕西师范大学出版社，2004	
图2-3	分离派绘画《鲍尔夫人》，克里姆特		
图2-6	格拉斯哥艺术学院，查尔斯·麦金托什	www.gsa.ac.uk https://commons.wikimedia.org/wiki/File:Glasgow_School_of_Art_52.JPG	
图2-7	1898年分离派展览作品，阿尔弗雷德·罗勒	https://commons.wikimedia.org/wiki/File:Fernand_Khnopff_-_Caresses_-_Google_Art_Project.jpg(上)； https://commons.wikimedia.org/wiki/File:Khnopff_english_woman_front.jpg（下）	Hay Kranen
图2-8	分离派展览海报，阿尔弗雷德·罗勒	https://commons.wikimedia.org/wiki/File:Alfred_roller,_XIV_austellung..._secession,_vienna_1902,_02.jpg	Sailko
图2-9	分离派成立100周年纪念邮票，1998年发行	https://austria-forum.org/af/wissenssammlungen/Briefmarken/1998/Secession	Österreichische Post
图3-1	奥托·瓦格纳，1841—1918年	https://commons.wikimedia.org/wiki/File:Otto Wagner_(1841%E2%80%931918).jpg	
图3-2	奥地利州银行大厦沿街立面	https://commons.wikimedia.org/wiki/File:Wien_01_L%C3%A4nderbankzentrale_(Hohenstaufengasse)_a.jpg	Gugerell

图片编号	图名	图片来源	作者
图3-3	奥地利州银行大厦沿街立面及平面分析	依据原立面图、平面图绘制 原图来源：https://commons.wikimedia.org/wiki/File:Wien_01_L%C3%A4nderbankzentrale_(Hohenstaufengasse)_b.jpg（左）； https://commons.wikimedia.org/wiki/File:000057_tab._54.jpg（右）	
图3-4	奥地利州银行大厦大厅	https://commons.wikimedia.org/wiki/File:Gro%C3%9Fer_Kassensaal,_Otto_Wagner_L%C3%A4nderbank_3.jpg	Thomas Ledl
图3-11	内部螺旋梯与公寓平面图	http://www.marvelbuilding.com/majolica-house.html/majolica-plan （右）	
图3-13	38号公寓，圆形街角；女性面庞圆形雕饰；内部电梯	阿森修.瓦格纳与克里姆特[M].王伟，译.西安：陕西师范大学出版社，2004	
图3-14	公寓沿街立面分析	依据原立面图绘制 原图来源：WikiArquitectura.com（下）	
图3-17	斯坦赫夫教堂平面、剖面分析	依据原平面图、剖面图绘制 原图来源：https://commons.wikimedia.org/wiki/File:02_Otto_Wagner-Kirche-_Baumgartnerh%C3%B6he_-_Wagner_Band_5._6._und_7._Heft_-Erdgescho%C3%9F.jpg（左）；https://commons.wikimedia.org/wiki/File:08_Otto_Wagner-Kirche_-_Baumgartnerh%C3%B6he_-_Wagner_Band_5._6._und_7._Heft_-_L%C3%A4ngsschnitt,_Heliogravur.jpg（右）	
图3-21	奥地利邮政储蓄银行沿街主立面	https://commons.wikimedia.org/wiki/File:Otto_Wagner_Postsparkasse_Hauptfront.jpg	Bwag
图3-22	奥地利邮政储蓄银行平面、剖面图及大厅分析	依据原剖面图、平面图绘制 原图来源：https://commons.wikimedia.org/wiki/File:02_Postsparkassen-Amtsgeb%C3%A4ude_Wien_-_Wagner_Band_5._6._und_7._Heft_-Grundriss_Hochparterre.jpg、WikiArquitectura.com	
图3-35	加拉·普拉奇迪亚陵墓中的壁画	https://commons.wikimedia.org/wiki/File:Deckenmosaik_Mausoleum_Galla_Placidia-2.jpg	Incola
图3-36	两栋别墅对比，平面图及立面图	依据原平面图、立面图绘制 原图来源：https://commons.wikimedia.org/wiki/File:000038_Villa_Wagner_I_(project,_plan).jpg（上左）；https://en.wikiarquitectura.com/building/wagner-villai-and-ii/#villa-wagern-ii-plano（上右）； https://it.m.wikipedia.org/wiki/File:Penzing_(Wien)_-_Otto-Wagner-Villa,_H%C3%BCttelbergstra%C3%9Fe_26_(1).JPG（中）；https://art.nouveau.world/villa-wagner-ii（下）	Bwag（中） Andrei Orekhov（下）
图4-1	约瑟夫·奥布里希，1867—1908年	https://commons.wikimedia.org/wiki/File:Joseph_Maria_Olbrich.jpg	
图4-5	奥布里希设计的花瓶和黄油盘	https://commons.wikimedia.org/wiki/File:Vases_and_butter_dish,_designer_Joseph_Maria_Olbrich,_Metallwarenfabrik_Eduard_Hueck,_c._1901-1902,_tin,_glass_-_Museum_K%C3%BCnstlerkolonie_Darmstadt_-_Mathildenh%C3%B6he_-_Darmstadt,_Germany_-_DSC06306.jpg	Daderot
图4-6	约瑟夫·霍夫曼，1870—1956年	https://commons.wikimedia.org/wiki/File:Josef-Hoffmann.jpg	
图4-7	波克斯道夫疗养院	https://commons.wikimedia.org/wiki/File:Sanatoriumpurkersdorf1-2.JPG	
图4-8	斯托克雷府邸	https://commons.wikimedia.org/wiki/File:Woluwe-St-Pierre_-_Hoffmann_050917_(1).jpg	Jean-Polgrandmont
图4-9	斯托克雷府邸平面分析	依据原平面图绘制 原图来源：威斯顿.20世纪经典建筑：平面、剖面及立面[M].杨鹏，译.2版.上海：同济大学出版社，2015：31	
图4-11	“源”系列作品中的壁纸	https://commons.wikimedia.org/wiki/File:Print,_Tapete_Alymene_(Alymene_Wallpaper),_plate_29,_in_Die_Quelle-_Fl%C3%A4chen_Schmuck_(The_Source-_Ornament_for_Flat_Surfaces),_1901_(CH_18670499-2).jpg	
图4-12	《神圣之春》杂志的封面	https://commons.wikimedia.org/wiki/File:Ver_Sacrum_(15011777110).jpg	Bibliothèques de Nancy
图4-15	外交部大楼	https://commons.wikimedia.org/wiki/File:Postcard_of_Ljubljana,_Internat_Mladika_1918_(cropped).jpg	Lennard Bolijn
图4-16	乌拉尼亚天文台	https://commons.wikimedia.org/wiki/File:Wien_01_Urania_05.jpg	Gryffindor
图4-17	马略卡尔住宅与乌拉尼亚天文台沿街立面对比分析	依据原立面图绘制 原图来源：https://commons.wikimedia.org/wiki/File:Majolikahaus,_Wien,_Otto_Wagner.jpg（上）；https://commons.wikimedia.org/wiki/File:Z%C3%BCrich._Urania_Sternwarte._2019-08-13_05-42-25.jpg（下）	

图片编号	图名	图片来源	作者
图5-1	约瑟普·普雷其尼克，1872—1957年	https://commons.wikimedia.org/wiki/File:Jo%C5%BEe_Ple%C4%8Dnik_(1943),_Zbirka_upodobitev_znanih_Slovencev_NUK.jpg	
图5-2	兰格别墅（Villa Langer）	https://commons.wikimedia.org/wiki/File:Villa_Langer.JPG	Thomas Ledl
图5-3	兰格别墅灰泥雕饰	art.nouveau.world	Jean-Pierre Dalbéra
图5-4	兰格公寓	https://www.archinform.net/projekte/9651.htm	Afernand74
图5-5	兰格公寓立面细部		Thomas Ledl
图5-6	兰格公寓檐口细部		Afernand74
图5-7	察赫尔豪斯公寓原始立面设计图	依据原立面图绘制 原图来源：https://www.archiweb.cz/en/b/zacherluv-dum-zacherl-haus	
图5-8	察赫尔豪斯公寓最终立面效果	依据原立面图绘制 原图来源：https://sot.co.at/wer-wir-sind/standort-wien/zacherlhaus/	
图5-9	察赫尔豪斯公寓檐口	https://commons.wikimedia.org/wiki/File:Zacherlhaus_Atlanten.JPG	Stefan Holzner
图5-10	察赫尔豪斯公寓1层平面	依据原平面图绘制 原图来源：https://www.archiweb.cz/en/b/zacherluv-dum-zacherl-haus	
图5-15	圣灵教堂立面与帕提农神庙立面对比	依据原立面图绘制 原图来源：https://commons.wikimedia.org/wiki/File:ParthenonRekonstruktion.jpg（左）；http://ccat.sas.upenn.edu/george/plecCHS.html（右）	
图5-16	圣灵教堂	https://commons.wikimedia.org/wiki/File:Plecnik%E2%80%99s_Church_of_the_Holy_Ghost_(45896948931).jpg	Michael ranewitter
图5-17	圣灵教堂内部	https://commons.wikimedia.org/wiki/File:Church_of_the_Holy_Ghost,_Vienna_(30957977157).jpg	
图5-18	圣灵教堂地下室	https://cs.wikipedia.org/wiki/Soubor:Jo%C5%BEe_Ple%C4%8Dnik_*_Gospa_Lurdska_(Our_Lady_of_Lourdes)_Zagreb.jpg	
图5-19	普雷其尼克做的卢布尔雅那历史建筑及肌理研究（1929年）	DAVIES B W. Central Europe–modernism and the modern movement as viewed through the lens of town planning and building 1895–1939[D]. Buckinghamshire New University,2008:194	Mihelič, 1983
图5-33	三桥	https://commons.wikimedia.org/wiki/File:Franciscan_Church_of_the_Annunciation_and_the_Triple_Bridge_in_the_Center_of_Ljubljana,_Slovenia_(36394158722).jpg	Andersen Pecorone
图5-34	三桥流线分析	依据原平面图绘制 原图来源：http://ljubljanapastandpresent.blogspot.com/2013/11/cityscape-of-ljubljana.html	Josip Plečnik
图5-37	国家和大学图书馆区位分析	依据原平面图绘制 原图来源：CENICACELAYA J. La biblioteca nacional y universitaria de Ljubljana[J]. Revista arquitectura Nº 280，1989（9-10）：38-53	
图5-38	国家和大学图书馆平面轴线分析	依据原剖面图重绘 原图来源：CENICACELAYA J. La biblioteca nacional y universitaria de Ljubljana[J]. Revista arquitectura Nº 280，1989（9-10）：38-53	
图5-39	国家和大学图书馆轴侧流线分析		
图5-40	国家和大学图书馆轴立面分析		
图5-41	国家和大学图书馆阶梯空间分析明—暗—明序列关系		
图5-44	扎莱墓园平面轴线及空间序列分析	依据原平面图绘制 原图来源：http://architectuul.com/architecture/view_image/zale-cemetery/19503	Arhitektur in vodnik
图5-48	爱德华·拉夫尼卡尔，1907—1933年	https://cs.wikipedia.org/wiki/Soubor:Edvard_Ravnikar_1961.jpg	

图片编号	图名	图片来源	作者
图5-49	卢布尔雅那扎莱墓园　第一次世界大战阵亡将士骨坛	https://upload.wikimedia.org/wikipedia/commons/c/c8/Kostnica_na_%C5%BDalah.jpg	Awesome SauceLtd
图6-1	扬·科特拉，1871—1923年	https://commons.wikimedia.org/wiki/File:Jan_Kotera_1914_Bufka.png	Vladimír Jindřich Bufka
图6-3	塔塞酒店	https://commons.wikimedia.org/wiki/File:Victor_Horta_Hotel_Tassel.JPG	Karl Stas
图6-4	人民银行（彼得卡公寓）细节	https://commons.wikimedia.org/wiki/File:118_Peterk%C5%AFv_D%C5%AFm_　(casa_Peterka),_a_la_pla%C3%A7a_de_Venceslau.jpg	Enfo
图6-5	人民银行（彼得卡公寓）入口	KOTERA J. Práce mé a mých záku, 1898-1901[M]. Schroll,1902:17	
图6-6	区府大酒店	https://cs.m.wikipedia.org/wiki/Soubor:Hotel_Okresn%C3%AD_d%C5%AFm.jpg	
图6-7	区府大酒店立面图	KOTERA J. Práce mé a mých záku, 1898-1901[M]. Schroll,1902: 39	
图6-8	马内斯展馆	The Studio Vol.27 1902-1903[M]. Forgotten Books,2018:143-145	
图6-9	恩斯特·路德维希大厦	https://commons.wikimedia.org/wiki/File:Darmstadt-Mathildenhoehe-Ernst-Ludwig-Haus-01-gje.jpg	Gerd Eichmann
图6-10	白教堂美术馆	https://commons.wikimedia.org/wiki/File:WGfacade2.jpg	LeHaye
图6-13	萨奇达住宅兼工作室	Stanislav Sucharda Foundation&Museum	
图6-14	萨奇达住宅兼工作室立面图		
图6-15	萨奇达住宅兼工作室楼梯厅	https://www.udu.cas.cz/cs/archiv-clanku/sucharda-privatni/	
图6-16	萨奇达住宅兼工作室平面图	https://prazdnedomy.cz/domy/objekty/detail/4888-suchardova-vila	Jan Kotěra
图6-17	霍拉霍合唱协会大楼	https://commons.wikimedia.org/wiki/File:Praha_Hlahol_budova.jpg	VitVit
图6-18	欧洲大饭店	https://commons.wikimedia.org/wiki/File:Prag_Grand_Hotel_Evropa_1.jpg	Thomas Ledl
图6-19	乌布拉什纳布拉尼街的公寓	https://commons.wikimedia.org/wiki/File:Prague_U_Prasne_brany_1-2.JPG	Gampe
图6-20	水塔	https://commons.wikimedia.org/wiki/File:Vr%C5%A1ovick%C3%A1_vod%C3%A1rna,_Vod%C3%A1rensk%C3%A1_v%C4%9B%C5%BE_z_jihov%C3%BDchodn%C3%ADho_sm%C4%9Bru.jpg	Martin Tomášek
图6-21	水塔入口	https://commons.wikimedia.org/wiki/File:Vr%C5%A1ovick%C3%A1_vod%C3%A1rna,_Vod%C3%A1rensk%C3%A1_v%C4%9B%C5%BE,_vstup_do_v%C4%9B%C5%BEn%C3%ADho_vodojemu.jpg	
图6-22	水塔细节	https://commons.wikimedia.org/wiki/File:Vr%C5%A1ovick%C3%A1_vod%C3%A1rna,_Vod%C3%A1rensk%C3%A1_v%C4%9B%C5%BE,_n%C3%A1dr%C5%BE_ve_v%C4%9B%C5%BEi.jpg	
图6-23	赫拉德茨-克拉洛韦市博物馆远景	https://commons.wikimedia.org/wiki/File:Hradec_Kr%C3%A1lov%C3%A9,_Muzeum_v%C3%BDchodn%C3%ADch_%C4%8Cech_　(po_rekonstrukci).jpg	Ferenczy
图6-24	赫拉德茨-克拉洛韦市博物馆	https://commons.wikimedia.org/wiki/File:Muzeum_v%C3%BDchodn%C3%ADch_%C4%8Cech,_vstup.jpg	ŠJů
图6-25	赫拉德茨-克拉洛韦市博物馆室内	https://commons.wikimedia.org/wiki/File:Hradec_Kr%C3%A1lov%C3%A9_-_Eli%C5%A1%C4%8Dino_n%C3%A1b%C5%99e%C5%BE%C3%AD_-_Muzeum_v%C3%BDchodn%C3%ADch_%C4%8Cech_-_Museum_of_East_Bohemia_1909-12_by_Jan_Kot%C4%9Bra_-_ICE_Photocompilation_of_Auditorium.jpg	
图6-26	赫拉德茨-克拉洛韦市博物馆平面分析	依据原平面图绘制 原图来源：https://kam.hradcekralove.cz/en/object/58-museum#lg=1&slide=18	
图6-27	科特拉自宅兼工作室（一）	https://commons.wikimedia.org/wiki/File:Koterova_vila2.jpg	Limojoe
图6-28	科特拉自宅兼工作室（二）	https://commons.wikimedia.org/wiki/File:Hrade%C5%A1%C3%ADnsk%C3%A1_6,_Kot%C4%9Brova_vila,_vstup.jpg	ŠJů
图6-29	莱赫特公寓	https://commons.wikimedia.org/wiki/File:Chopinova_4_　(01).jpg	Dezidor
图6-30	莱赫特公寓平面图	SVÁCHA R, DLUHOSCH E, FRAMPTON K. The architecture of new Prague, 1895-1945[M]. Mit Press, 1995：70-74	
图6-31	莫扎特大楼	https://commons.wikimedia.org/wiki/File:Mozarteum_historick%C3%A9_foto.jpg	

图片编号	图名	图片来源	作者
图6-32	莫扎特大楼立面图	依据原立面图重绘 原图来源:https://www.theatre-architecture.eu/en/db/?theatreId=52&detail=attachement&mId=2168	Jan Kotěra
图6-33	莫扎特大楼剖面图	依据原剖面图重绘 原图来源：https://www.theatre-architecture.eu/en/db/?theatreId=52&detail=attachement&mId=2168	Jan Kotěra
图6-34	莫扎特大楼平面图	依据原平面图重绘 原图来源：https://www.theatre-architecture.eu/en/db/?theatreId=52&detail=attachement&mId=2168	
图6-35	综合养老金机构大楼	https://commons.wikimedia.org/wiki/File:Vseobecny_penzijni_ustav_4.JPG	Gampe
图6-36	大楼细节	https://commons.wikimedia.org/wiki/File:Vseobecny_penzijni_ustav_3.JPG	
图6-37	大楼入口	https://commons.wikimedia.org/wiki/File:Vseobecny_penzijni_ustav_5.JPG	
图6-38	科特拉自宅会客厅	https://www.flickr.com/photos/calypsospots/3206868307/in/set-72157612901704062	Jan Kotěra
图6-39	斯坦斯公寓	https://commons.wikimedia.org/wiki/File:Stenc_house.jpg	OndřejAntoš
图6-40	斯坦斯公寓平面图	SVÁCHA R, DLUHOSCH E, FRAMPTON K. The architecture of new Prague, 1895–1945[M]. Mit Press, 1995	
图6-41	温克百货商店	https://commons.wikimedia.org/wiki/File:Jarom%C4%9B%C5%99_Wenke_department_store.jpg	Karpac
图6-42	戈恰尔的老城市政厅设计	http://www.mrakodrapy.com/2017/11/josef-gocar-nejvetsi-osobnost-ceske.html	Josef Gočár
图6-43	马捷约夫斯基公寓	https://commons.wikimedia.org/wiki/File:Praha_Stare_Mesto_cp999.jpg	Gampe
图6-44	犹太葬礼兄弟公寓	https://fr.wikipedia.org/wiki/Fichier:Praha_Siroka_5-7_4.JPG	Gampe
图6-45	赫拉夫卡大桥	https://cs.wikipedia.org/wiki/Soubor:Hl%C3%A1vk%C5%AFv_most,_severn%C3%AD_%C4%8D%C3%A1st,_v%C3%BDchodn%C3%AD_strana.jpg	ŠJů
图6-46	苏维赫大厦	https://cs.wikipedia.org/wiki/Soubor:V%C3%A1clavsk%C3%A9_n%C3%A1m%C4%9Bst%C3%AD_40,_%C5%A0upichovy_domy.jpg	ŠJů
图6-47	卢塞恩宫	https://cs.wikipedia.org/wiki/Soubor:Vodi%C4%8Dkova_36,_pal%C3%A1c_Lucerna_(01).jpg	ŠJů
图6-48	维也纳银行联盟大楼	https://cs.wikipedia.org/wiki/Soubor:Star%C3%A9_M%C4%9Bsto,_Na_p%C5%99%C3%ADkop%C4%9B_3_a_5,_V%C3%ADde%C5%88sk%C3%A1_bankovn%C3%AD_jednota.jpg	ŠJů
图6-49	赫拉瓦病理学研究所正立面	https://cs.wikipedia.org/wiki/Soubor:Praha_Nove_Mesto_Studnickova_2.JPG	JiriMatejicek
图6-50	赫拉瓦病理学研究所背立面	https://cs.wikipedia.org/wiki/Soubor:Patologick%C3%BD_%C3%BAstav_-_panoramio.jpg	Vojife
图6-51	普克斯多夫疗养院	https://cs.wikipedia.org/wiki/Soubor:Sanatoriumpurkersdorf1-2.JPG	Roman Klementschitz
图6-52	雅各布家族别墅（伊钦）		许昊皓
图6-54	法拉大厦		
图6-55	扬·杰式卡纪念碑的设计	SVACHA R, DLUHOSCH E, FRAMPTON K. The architecture of new Prague, 1895–1945[M]. Mit Press, 1995	
图6-56	布拉格市政公墓大门		许昊皓
图6-57	波赫丹内茨温泉洗浴中心		
图6-58	黑色马多拉大厦楼梯		
图6-59	黑色马多拉大厦		
图6-60	三联排住宅（一）		
图6-61	三联排住宅（二）		
图6-62	科瓦诺维茨别墅		
图6-63	内科拉诺娃街的公寓大楼（一）		
图6-64	玻璃馆	https://cs.wikipedia.org/wiki/Soubor:Taut_Glass_Pavilion_exterior_1914.jpg	Neznámý

图片编号	图名	图片来源	作者
图6-65	大剧院	Architekturmuseum der TU Berlin, Inv. Nr. F 1604	
图6-66	斯卡拉酒吧	WHYTE L B.Bruno Taut and the architecture of activism：Cambridge urban and architectural studies[M].Cambridge University Press，2010:217	
图6-67	亚纳克的草图	陈翚，许昊皓．20世纪先锋建筑的序曲：1910—1928年捷克立体主义建筑实践[M].北京：中国建筑工业出版社,2016:19	
图6-68	内科拉诺娃街的公寓大楼（二）		许昊皓
图6-69	钻石大厦		许昊皓
图6-70	钻石大厦旁圣约翰·诺泊克雕像		许昊皓
图6-71	石灯柱		许昊皓
图6-72	军团银行	https://cs.wikipedia.org/wiki/Soubor:Prag_Kubismus_Bank_der_Legionen.jpg	Thomas Ledl
图6-73	军团银行室内	https://cs.wikipedia.org/wiki/Soubor:Bank_of_the_Czechoslovak_Legions,_Prague7.jpg （上）；https://cs.wikipedia.org/wiki/Soubor:Bank_of_the_Czechoslovak_Legions,_Prague6.jpg（下）	Jose Mesa
图6-74	亚德里亚宫	https://cs.wikipedia.org/wiki/Soubor:Prague_Cubim_Adria_Palace.jpg	Thomas Ledl
图6-75	教师公寓大楼		许昊皓
图6-76	圣维特大教堂旁的方尖碑	https://cs.wikipedia.org/wiki/Soubor:Praha_Hrad_sn%C3%ADh_2010_15.jpg	Karelj
图6-77	第四庭院	https://cs.wikipedia.org/wiki/Soubor:Prague_Castle_Plecnik_Bastion_Garden.jpg	Diligent
图6-78	公牛楼梯	https://cs.wikipedia.org/wiki/Soubor:Prague_Castle_Plecnik_Gate.jpg	Diligent
图6-79	圣心教堂1922年设计平面	依据原平面图重绘 原图来源：MARGOLIUS I, HEWITT J, FIENNES M. Church of the sacred heart: Jože Plečnik[M]. Phaidon, 1995:10	
图6-80	圣心教堂1922年设计立面	原图来源：MARGOLIUS I, HEWITT J, FIENNES M. Church of the sacred heart: Jože Plečnik[M]. Phaidon, 1995:10	
图6-81	圣心教堂1922年更改立面	依据原立面图重绘 原图来源：MARGOLIUS I, HEWITT J, FIENNES M. Church of the sacred heart: Jože Plečnik[M]. Phaidon, 1995:10	
图6-82	圣心教堂1925年设计平面	依据原立面图重绘 原图来源：MARGOLIUS I, HEWITT J, FIENNES M. Church of the sacred heart: Jože Plečnik[M]. Phaidon, 1995:10	
图6-83	圣心教堂1925年设计立面	依据原立面图重绘 原图来源：MARGOLIUS I, HEWITT J, FIENNES M. Church of the sacred heart: Jože Plečnik[M]. Phaidon, 1995:10	
图6-84	圣心教堂1927年设计平面	依据原立面重绘 原图来源：MARGOLIUS I, HEWITT J, FIENNES M. Church of the sacred heart: Jože Plečnik[M]. Phaidon, 1995:10	
图6-85	圣心教堂1927年设计立面	依据原立面重绘 原图来源：MARGOLIUS I, HEWITT J, FIENNES M. Church of the sacred heart: Jože Plečnik[M]. Phaidon, 1995:10	
图6-86	圣心教堂最终设计平面／立面	威斯顿.20世纪经典建筑：平面、剖面及立面[M].杨鹏，译.2版.上海：同济大学出版社，2015:55	
图6-87	圣心教堂最终设计地下室及顶棚平面／剖面	威斯顿.20世纪经典建筑：平面、剖面及立面[M].杨鹏，译.2版.上海：同济大学出版社，2015:55	
图6-93	过滤站	https://cs.wikipedia.org/wiki/Soubor:Klimentsk%C3%A1_27,_ministerstvo_dopravy.jpg	ŠJů
图6-94	铁道部	https://cs.wikipedia.org/wiki/Soubor:Klimentsk%C3%A1_27,_ministerstvo_dopravy.jpg	ŠJů
图6-95	财政部大楼	https://cs.wikipedia.org/wiki/Soubor:Mestska_knihovna_v_Praze.jpg	Ludek
图6-96	市立图书馆	https://cs.wikipedia.org/wiki/Soubor:Minist%C3%A8re_tch%C3%A8que_des_Finances_%E2%80%93_Fa%C3%A7ade_principale.jpg	Vlastnídílo
图6-97	希普什曼自宅	https://cs.wikipedia.org/wiki/Soubor:Villa_Huebschmann_Prague_2.jpg	Gampe

图片编号	图名	图片来源	作者
图6-98	工伤保险大楼	https://cs.wikipedia.org/wiki/Soubor:Hronov,_Palack%C3%A9ho_575,_sokolovna_(cropped).jpg	ŠJů
图6-99	钢铁厂办公楼	https://cs.wikipedia.org/wiki/Soubor:Politick%C3%BDch_v%C4%9Bz%C5%88%C5%AF_-_Olivova,_B%C3%A1%C5%88sk%C3%A1_a_hutn%C3%AD_spole%C4%8Dnost.jpg	ŠJů
图7-1	阿道夫·路斯，1870—1933年	https://commons.wikimedia.org/wiki/File:Adolfloos.2_cropped.jpg	Otto Mayer
图7-2	博物馆咖啡厅室内	https://en.wikipedia.org/wiki/Caf%C3%A9_Museum#/media/File:Cafe_Museum_innen.jpg	Thomas Ledl
图7-4	鲁道夫·辛德勒，1887—1953年	HINES T S. Architecture of the sun：Los Angeles modernism 1900-1970[M]. New York：Rizzoli，2010.转引自：王为.塑造美国现代住宅：南部加利福尼亚1920—1970[M].北京：中国建筑工业出版社，2021	
图7-5～图7-7	辛德勒住宅等	SHEINE J.R.M.Schindler[M]. New York：Phaidon，2001.转引自：王为.塑造美国现代住宅：南部加利福尼亚1920—1970[M].北京：中国建筑工业出版社，2021；KAPLAN W.Living in a modern way：California design 1930-1965[M]. Cambridge：The MIT Press，2011.转引自：王为.塑造美国现代住宅：南部加利福尼亚1920—1970[M].北京：中国建筑工业出版社，2021	
图7-8	辛德勒住宅平面图	MAK Center for Art and Architecture	
图8-1	卡尔·马克思大院	https://cs.wikipedia.org/wiki/Soubor:D%C3%B6bling_(Wien)_-_Karl-Marx-Hof.JPG	Bwag
图8-2	卡尔·恩，1884—1959年	http://architectuul.com/architects/view_image/karl-ehn/15947	
图8-3	乔治·华盛顿大院	https://commons.wikimedia.org/wiki/File:George_Washingthon_Hof_von_oben.jpg	Thomas Ledl
图8-4	罗伯特·奥利	ÖNB/Wien 203433-D “Robert Oerleyzusammenmit seiner Familie”	
图8-5	分离派会馆门外的贝壳图案花盆	https://commons.wikimedia.org/wiki/File:Secession_Vienna_June_2006_015.jpg；	Gryffindor
图8-6	卡尔·克里斯	ÖNB/Wien Pf 41.935:B (1) “Karl Krist”	
图8-7	安东·舒拉梅大院，1930年的利伯奈希大院	https://commons.wikimedia.org/wiki/File:Anton-Schrammel-Hof_Spielplatz.jpg；https://commons.wikimedia.org/wiki/File:Liebknechthof_1930.jpg	Invisigoth67 Martin Imboden
图8-8	位于法沃利特的住宅区总平面图	Wien Museum	
图8-8	位于莱恩斯的住宅区总平面图	Wien Museum	
图8-9	12号住宅客厅	Wien Museum	Martin Gerlach jun
图8-10	46号住宅客厅	Wien Museum	Martin Gerlach jun
图8-11	住宅自带的花园	Wien Museum	Martin Gerlach jun
图8-12	23、24号住宅主立面	Wien Museum	Julius Scherb
图8-13	23、24号住宅一层平面图	依据原平面图重绘 原图来源：https://www.werkbundsiedlung-wien.at/en/houses/houses-nos-23-and-24	
图8-14	23、24号住宅二层平面图	依据原平面图重绘 原图来源：https://www.werkbundsiedlung-wien.at/en/houses/houses-nos-23-and-24	
图8-15	理查德·鲍尔6、7号住宅主立面	Wien Museum	Julius Scherb
图8-16	沃尔特·路斯19、20号住宅主立面	Wien Museum	Julius Scherb
图8-17	奥托·尼德莫瑟，17、18号住宅主立面	Wien Museum	Martin Gerlach jun
图9-1	维也纳城市剧场馆D外景	https://cs.wikipedia.org/wiki/Soubor:Wiener_Stadthalle_Aussen_2008.jpg	Bildagentur Zolles
图9-2	维也纳城市剧场馆D内景	https://cs.wikipedia.org/wiki/Soubor:Stadthalle_BA-TennisTrophy.JPG	Piedro
图9-3	维也纳城市剧场游泳馆内的游泳竞赛	https://cs.wikipedia.org/wiki/Soubor:Stadthallenbad,_19._Str%C3%B6ck_Austria_Meeting_2007.jpg	Manfred Werner
图9-4	威尔海姆·霍兹鲍耶，1930—	https://cs.wikipedia.org/wiki/Soubor:Wilhelm_Holzbauer_1981.jpg	Dijk, Hans van / Anefo

图片编号	图名	图片来源	作者
图9-5	储气罐D幢内景	https://cs.wikipedia.org/wiki/Soubor:Gasometer-d-by_viennaphoto_at.jpg	Andreas Pöschek
图9-7	汉斯·霍莱因，1934—2014年	https://cs.wikipedia.org/wiki/Soubor:Hans_Hollein,_Architect,_Designer.jpg	Neznámý
图9-9	法兰克福现代艺术博物馆	https://cs.wikipedia.org/wiki/Soubor:MMK_Treppe_zur_Kunst_DSC_6398.jpg	Eva.K
图9-11	古斯塔夫·派施尔	https://commons.wikimedia.org/wiki/File:Gustav_Peichl_1.jpg	Franz Johann Morgenbesser
图9-12	改造后的维也纳广播大楼,1979—1983年	https://cs.wikipedia.org/wiki/Soubor:Wien_Radiokulturhaus_Ansicht_2.jpg	Thomas Ledl
除此之外均为作者自摄和自绘			

在此向所有提供图片版权的作者表示感谢。为了获得这些图片的版权，作者已尽可能地努力联系它们的版权所有者，但仍有部分图片或无法辨明它们的作者或无法与作者取得联系，挂一漏万，万望见谅。请图片作者与我们联系，以便支付稿酬。

• 参考文献 •

REFERENCE

第一部分

[1] 王受之.世界现代建筑史[M].北京：中国建筑工业出版社，1999.

[2] 默里.文明的解析：人类的艺术与科学成就：公元前800—1950年[M].胡利平，译.上海：上海人民出版社，2008.

[3] 恩格斯.恩格斯社会主义从空想到科学的发展[M].北京：人民出版社，1967.

[4] 邓庆坦，赵鹏飞，张涛.图解西方近现代建筑史[M].武汉：华中科技大学出版社，2009.

[5] 何人可.工业设计史[M].北京：北京理工大学出版社，1991.

[6] 赵前，赵鹏.关于新艺术运动文化背景的研究[J].华中建筑，2009(11)：9-12.

[7] 缪塞.一个世纪儿的忏悔[M].梁均，译.南京：译林出版社，1980.

[8] COHEN I B.Scientific revolution and creativity in the enlightenment[J]. Eighteenth-century life，1982，7(2)：41-54.

[9] GAY P. The Enlightenment：an interpretation[M]. WW Norton & Company，1995.

[10] KING B M.Silk and empire[M]. Manchester University Press，2009.

[11] IKIUGU M N，CIARAVINO E A.Psychosocial conceptual practice models in occupational therapy：building adaptive capability[M]. Elsevier Health Sciences，2007.

[12] Style guide: arts and crafts. Victoria and Albert Museum, Retrieved 2007-07-17.

[13] The grove encyclopedia of decorative arts：two-volume set[M]. Oxford University Press，2006.

[14] MACCARTHY F，MORRIS W. Anarchy & beauty：William Morris and his legacy，1860-1960[M]. Yale University Press，2014.

[15] SARSBY J. Alfred Powell：idealism and realism in the Cotswolds[J]. Journal of design history，1997，10(4)：375-397.

[16] PEVSNER N.Pioneers of modern design：from William Morris to Walter Gropius[M]. Yale University Press，2005.

[17] DUNCAN A.Art nouveau and art deco lighting[M]. Thames and Hudson，1978.

[18] BOUILLON J P. Journal de l'Art nouveau：1870-1914[M]. Skira，1985：6.

[19] RENAULT L. Les styles de l'architecture et du mobilier[J]. Jean-Paul bisserot，2006：107-111.

[20] Archived from the original(PDF) on 26 July 2011.Retrieved 2010-06-30. Edmond Lachenal produced editions of Rodin's sculptures.

[21] FAHR-BECKER G. Art Nouveau，an art of transition：from individualism to mass society[M]. Barron's Educational Series，1982.

[22] LAHOR J.L'Art nouveau[M]. Parkstone International，2007.

[23] BONY A.L'architecture moderne：histoire，principaux courants，grandes figures[M].Larousse，2006.

[24] Iconic arts and crafts home of William Morris. nationdtrust.org.uk

[25] SCHORSKE C E.Fin-de-siècle Vienna：politics and culture[M]. Random House USA Inc, 1980.

[26] SARNITZ A. Otto Wagner：forerunner of modern architecture[J]. Taschen，2005.

[27] SEMBACH K J.Art Nouveau[M]. Taschen，2002.

[28] LANGSETH-CHRISTENSEN L. A design for living: Vienna in the Twenties[M]. Viking Adult，1987.

[29] DAVIDSON F. Charles Rennie Mackintosh[M]. Pavilion Books，2018.

第二部分

[30] 何成钢.世纪末的维也纳[J].金融博览，2012(12)：28-29.

[31] 王辉.两个瓦格纳[J].世界建筑，2016(2)：26-29.

[32] 王晶.奥托·瓦格纳[M].北京：中国电力出版社，2007.

[33] 阿森修.瓦格纳与克里姆特[M].王伟，译.西安：陕西师范大学出版社，2004.

[34] 康立超，栾丽.现代建筑设计楷模奥托·瓦格纳[J].美术大观，2009(5)：52-53.

[35] 程艳春.奥托·瓦格纳：维也纳邮政银行[J].城市环境设计，2011(7)：266-269.

[36] 叶扬.捷克建筑教育的过去与现在[J].世界建筑，2009(4)：30-36.

[37] 乌尔利茨，陈翚.布拉格“芭芭”居住区：建筑师与业主合作设计的实用功能主义的先锋实验[J].世界建筑，2009(4)：111-116.

[38] ZÁZVORKA P. Evropan Jan Kot evra[J]. Stavebnictví，2014(04)：18-22.

[39] HOWARD，J. Art nouveau：international and national styles in Europe [M].Manchester University Press，1996：95-96.

[40] HOFMANN W，KULTERMANN U. Modern architecture in color[M]. New York：The Viking Press，1970：164.

[41] WAGNER O. Modern architecture：a guidebook for his students to this field of art[M].Getty Publications，1988.

[42] Vienna museum guide[M].Pichler Verlag，2000.

[43] ŠVÁCHA R . Od moderny k funkcionalismu：proměny pražské architektury první poloviny dvcátého století[M].Odeon，1985：49.

[44] Drexler O.Ojedné dávnév ýstav ě mistra Rodina[EB/OL]. http://odrexler.blogspot.com/2014/07/o-jednedavne-vysta ve-mist ra-rodina. html?view=timeslide,2014-07-17.

[45] MALLGRAVE H F. Otto Wagner：reflections on the raiment of modernity[M]. Getty Publications，1988.

[46] SENNOTT R S.Encyclopedia of 20th-century architecture[M]. Routledge，2004.

[47] Josef Hoffmann. Collection[J].Cooper-Hewitt，National Design Museum，Retrieved 3 October 2012：42.

[48] GRAF O A. Otto Wagner：das werk des architekten 1860-1918(in German).Vienna：Bölhau，1994.

[49] KOLLER-GLUCK E. Otto Wagners Kirche Am Steinhof(in German). Wien：Edition Tusch，1984.

[50] Otto Koloman Wagner-Vienna 1900[EB/OL]. http://depts.washington.edu.

[51] KAISER G. Architecture in Austria in the 20th and 21st centuries[M]. Birkhäuser Architecture，2006：58.

[52] Teaching Art Nouveau：Joseph Maria Olbrich. National Gallery of Art(USA)[J]. Retrieved 18 February 2013：129.

[53] SCHÖNTHAL O. Die Kirche Otto Wagners[J].Der Architekt，1908，14(2).

第三部分

[54] 莱瑟巴罗.戈特弗里德•森佩尔：建筑，文本，织物[J].史永高，译.时代建筑，2010(2)：124-127.
[55] 普列洛夫谢克.约热•普雷其尼克：1825—1957.A+U，2011，(04)：24
[56] 加布里耶尔奇科.斯洛文尼亚建筑与卢布尔雅那建筑学院[J].孙凌波，译.世界建筑，2007(9)：20-24.
[57] PRELOV SEK D. Josef Plecnik：1872-1957，architectura perennis. Aus dem Slowenischen von Dorothea Apovnik. Salzburg und Wein：Residenz Verlag，1992.
[58] PRELOVŠEK D. Jože Plečnik，1872-1957：Architectura perennis[M]. Yale University Press，1997.
[59] KREČIČ P. Plecnik's designs for Ljubljana[J]. Slovene studies journal，1996，18(2)：105-115.
[60] BORGES J L. Selected poems 1923-1967[M]. London：Penguin，1985.
[61] RENAR T，RUSTJA U. Between spatial concept and architectural expression of plečnik's market in Ljubljana[M]. Ljubljana，2007.
[62] BURKHARDT F，EVENO C，PODRECCA B. Jože Plečnik，Architect：1872-1957[M]. MIT Press，1989.
[63] ENGEL A. Problém monumentality v architecture[J]. Architekt sIA，1944(42)：170.
[64] SVÁCHA R，DLUHOSCH E，FRAMPTON K. The architecture of new Prague，1895-1945[M]. Mit Press，1995.
[65] PACES C.Prague panoramas：national memory and sacred space in the twentieth century[M]. University of Pittsburgh Pre，2009.
[66] KOTĚRA J. O novém umění[J]. Volné směry，1900，4：189-195.
[67] KOTĚRA J. Dělnické kolonie[M]. Prague，1921.
[68] HARLAS F X.Moderna v pražokých ulicich[J]. Architektonický obzor，1904，3(38)：33-37.
[69] WITTLICH P. Česká secese[M]. Odeon，1982：315.
[70] MÁDL K B. Příchozí umění[J]. Volné směry，1899(3)：117-142.
[71] MAŠEK K V.Studium ornamentiky[J]. Dílo：121-127.
[72] KOTĚRA J. Luhačovice[J]. Volné směry，1904(8)：59-60.
[73] WITTLICH P. České socharstvi ve XX. stoleti[M]. 1978：63-64.
[74] JANÁK P. Otto Wagner[J]. Styl，1908-1909(1)：41-48.
[75] ENGEL A. Dům nájemný[J]. Styl，1911(3)：189-196.
[76] NOVOTNÝ O. Architektura symbolická，pomnik a žižkův pomník[J].Volné směry，1915(18)：85-87.
[77] ŠVÁCHA R. Poznámky ke koterovu muzeu[J]. Uměni，1986(34)：171-179.
[78] TEIGE K. Modern architecture in Czechoslovakia and other writings[M]. Getty Publications，2000.
[79] KOTĚRA J. Interiér C.K.Uměleckoprůmyslové školy v Praze pro světovou výstavu v St.Louis 1904[J]. Volné sméry，1904(8)：119-120.
[80] NOVOTNÝ O. Shody a rozpory[J]. Volné smžry，1915(18)：27-40.
[81] Capital cities in the aftermath of empires：planning in central and southeastern Europe[M]. Routledge，2009.
[82] JANÁK P. Josef Plečnik v praze[J]. Volné Směry 1928-1929(26)：97-108.
[83] HEJDUK J，HANZLOVA A，Srsnova M，et al.Prague 20th century architecture[M]. Springer science & business media，1999.
[84] HAJE T EL. Jože Plečnik：his architecture in Prague for freedom and a new democracy[D]. Texas Tech University，2000.
[85] MARGOLIUS I，HEWITT J，FIENNES M. Church of the sacred heart：Jože Plečnik[M]. Phaidon，1995.

第四部分

[86] 塔夫里，达尔科.现代建筑[M].刘先觉，等译.北京：中国建筑工业出版社，2000.
[87] 王路.维也纳的建筑传统和现代建筑[J].世界建筑，1998(6)：70-75.
[88] 范路."非先锋"的先锋(上)：阿道夫•路斯及其现代性研究[J]，建筑师，2006，35(1)：63-72.
[89] LOOS A.Shorthand record of a conversation in Plzeň(Pilsen)[J]. 1930.
[90] COLQU HOUN A. Modern architecture[M] USA：Oxford University Press，2002.
[91] VITRUVIUS. The ten books on architecture[M]. New York，1960：Book 1，chapter 1.
[92] KAUFMAN M D. Father of skyscrapers：a biography of Louis Sullivan[M]. Little Brown，1969.
[93] THORNE J O.Chambers's biographical dictionary[M]. Edinburgh：Chambers，1961.
[94] LOOS A.Spoken into the void：collected essays，1897-1900[M]. translated by NEWMAN J O，SMITH J H. MIT Press, 1982.
[95] STEWART J. Fashioning Vienna：Adolf Loos's cultural criticism[M]. London，New York：Routledge, 2000.
[96] The red Vienna：Karl-Marx-Hof[J]. Obtained，2015-9-1.
[97] KAPFINGER O，STEINER D，PIRKER S. Architecture in Austria：a survey of the 20th century[M]. Birkhäuser Verlag，1999.
[98] OERLEY R：Kann，darf，soll ich bauen?Krystall publishing house[M].Vienna，1929.
[99] FRANK J. Architecture as Symbol[M]，1931.
[100] Vienna Convention Bureau. Wiener Stadthalle，Betriebs-und Veranstaitungsges.m.b.H，Retrieved 2014-12-24.
[101] Driendl*architects[J]. Posted：2011-9-20.
[102] HOLZBAUER W. In：Was macht eigentlich... Wilhelm Holzbauer. ECHO Salzburg online，2011-8-5.
[103] HINTEREGGER F-M.40 Jahre Funkhaus：Aller Gute，Peichltorte! [EB/OL]. https：//vorartberg.orf.at/v2/tv/stories/2555401/，2012-10-20.
[104] Review by：Modern Architecture：a guidebook for his students to this field of art(texts and documents)by Otto Wagner and Harry Francis Mallgrave[J]. Art documentation journal of the art libraries society of north America，1989，8(4)：211-212.

附录

APPENDIX

254 ~ 267

· 主要人名对照表 ·

（按英文首字母排序）

外文名	中文译名
A	
Adolf Michael Boehm，1861—1927	阿道夫·伯姆
Adolf Bens，1894—1982	阿道夫·本斯
Adolf Loos，1870—1933	阿道夫·路斯
Alfred Roller，1864—1935	阿尔弗雷德·罗勒
Alois Dryák，1872—1932	阿洛伊斯·德里亚克
Alois Špalek，1883—1940	阿洛伊斯·斯巴莱克
Antonín Balšánek，1865—1921	安东尼·巴尔沙内克
Antonín Bráf，1860—1924	安东宁·布拉夫
Antonin Engel，1879—1958	安东尼·恩格尔
B	
Bedřich Bendelmayer，1871—1932	伯德瑞克·本德明厄
Bedřich Feuerstein，1892—1936	伯德瑞克·福伊尔施泰因
Bohumil Hypsman，1878—1961	博胡米尔·希普什曼
Bohumil Kozák，1885—1978	博胡米尔·科扎克
Bohumil Waigant，1885—1930	博胡米尔·怀甘特
Bohuslav Fuchs，1895—1972	博胡斯拉夫·富赫斯
C	
Camillo Sitte，1843—1903	卡米洛·西特
Carl von Hasenauer，1833—1894	哈森内尔
Čeněk Vořech，1887—1976	切纳克·瓦罗赫
Charles Rennie Mackintosh，1868—1928	查尔斯·雷尼·麦金托什
Clemens Holzmeister，1886—1983	克莱蒙斯·霍兹迈斯特
D	
Dušan Jurkovič，1868—1947	杜桑·尤尔科维奇
E	
Edo Mihevc，1911—1985	埃多·米海夫茨
Edvard Ravnikar，1907—1933	爱德华·拉夫尼卡尔
Edwin Lutyens，1869—1944	埃德温·卢廷斯
Étienne-Louis Boullée，1728—1799	艾蒂安·路易斯·布雷
F	
Fernand Khnopff，1858—1921	斐迪南德·克诺普夫
Francis Lydie Gahura，1891—1958	弗朗西斯·利迪·加赫拉
Frank Lloyd Wright，1867—1959	弗兰克·劳埃特·赖特
František Krásný，1865—1947	弗朗齐歇克·克拉斯尼
František Roith，1876—1942	弗兰提斯克·罗伊斯
G	
Gottfried Semper，1803—1879	戈特弗里德·森佩尔
Gustav Klimt，1862—1918	古斯塔夫·克里姆特
Gustav Peichl，1928—	古斯塔夫·派施尔
H	
Hans Hollein，1934—2014	汉斯·霍莱因

Hector Guimard, 1867—1942　赫克托・吉马德
Henri Labrouste, 1801—1875　亨利・拉布鲁斯特
Henry Van de Velde, 1863—1957　亨利・凡・德・维尔德
Hermann Muthesius, 1861—1927　赫尔曼・穆特修斯

J

Jan Kotera, 1871—1923　扬・科特拉
Jan Koula, 1855—1919　扬・古拉
Jaromir Krejcar, 1895—1949　贾罗米尔・克里杰卡尔
Jaroslav Rössler, 1886—1964　雅罗斯拉夫・罗斯勒
Josef Chochol, 1880—1956　约瑟夫・霍霍尔
Josef Engelhart, 1864—1941　约瑟夫・恩格哈特
Josef Fanta, 1856—1954　约瑟夫・芬达
Josef Frank, 1885—1967　约瑟夫・弗兰克
Josef Gocar, 1880—1945　约瑟夫・戈恰尔
Josef Maria Hoffmann, 1870—1956　约瑟夫・霍夫曼
Josef Maria Olbrich, 1867—1908　约瑟夫・玛丽亚・奥布里希
Josef Rosipal, 1884—1914　约瑟夫・罗西保
Josef Sakaǐ, 1856—1936　约瑟夫・萨卡尔
Josef Stepanek, 1889—1964　约瑟夫・斯蒂内克
Josef Zasche, 1871—1957　约瑟夫・扎斯赫
Joseph Paxton, 1803—1865　约瑟夫・帕克斯顿
Josip Plečnik, 1872—1957　约瑟普・普雷其尼克

K

Kamil Roskot, 1886—1945　卡米尔・罗斯科特
Karel Teige, 1900—1951　卡雷尔・泰奇
Karel Vitezslav Masek, 1865—1927　卡雷尔・马谢克
Karl Ehn, 1884—1959　卡尔・恩
Karl Krist, 1883—1941　卡尔・克里斯
Karl von Hasenauer, 1833—1894　卡尔・冯・哈森瑙尔
Koloman Moser, 1868—1918　科洛・莫泽尔

L

Ladislav Skǐivánek, 1877—1957　拉吉斯拉夫・斯奇瓦尼克
Louis Sullivan, 1856—1924　路易・沙利文
Ludvik Kysela, 1883—1960　卢德维克・基塞拉

M

Marcus Vitruvius Pollio, 公元前1世纪　马可・维特鲁威
Matěj Blecha, 1861—1919　马泰・布莱哈
Max Fabiani, 1865—1962　马克斯・法比亚尼
Max Klinger, 1857—1920　马克思・克林格
Max Kurzweil, 1867—1916　马克思・科兹威尔
Mies van der Rohe, 1886—1969　密斯・凡・德・罗

O

Osvald Polívka, 1859—1931　奥斯瓦尔德・波利夫卡
Otakar Novotny, 1880—1959　奥塔卡尔・诺沃提尼
Othmar Schimkowitz, 1864—1947　奥特马・辛科维兹
Oton Jugovec, 1921—1987　奥顿・龙戈维茨
Otto Rothmayer, 1892—1966　奥托・罗斯梅尔
Otto Wagner, 1841—1918　奥托・瓦格纳

· 其他人名对照表 ·

（按英文首字母排序）

外文名	中文译名（身份）
A	
Alastair Duncan，1942—	阿拉斯泰尔·邓肯　（作家）
Albert Gleizes，1881—1952	阿尔贝·格莱兹　（法国艺术家）
Alfred de Musset，1810—1857	德·缪赛　（法国诗人，剧作家）
Alois Riegl，1858—1905	阿洛伊斯·李格尔　（奥地利艺术史学家）
Alphonse Maria Mucha，1860—1939	阿尔丰斯·穆夏　（捷克画家）
Alvar Aalto，1898—1976	阿尔瓦·阿尔托　（芬兰建筑师）
Amédée Ozenfant，1886—1966	阿梅代·奥赞方　（法国画家）
Amelia Sarah Levetus，1853—1938	莱韦特斯　（建筑评论家）
Anton Hanak，1875—1934	安东·汉纳克　（奥地利雕塑家）
Aubrey Beardsley，1872—1898	奥伯利·比亚兹莱　（捷克艺术家）
Auguste Rodin，1840—1917	奥古斯特·罗丹　（雕塑家）
B	
Ben Tieber，1867—1925	本·蒂伯　（奥地利戏剧导演）
Bernd Krimmel，1926—	贝恩德·克里梅尔　（德国艺术史学家）
Bohumil Kubišta，1884—1918	博胡米尔·库比斯塔　（捷克画家）
Bohuslav Homoláč	博胡斯拉夫·霍莫拉奇　（建筑承包商和房地产开发商）
Bruno Taut，1880—1938	布鲁诺·陶特　（德国建筑师）
C	
Charles Francis Annesley Voysey，1857—1941	查尔斯·沃塞　（英国建筑师）
Charles Harrison Townsend，1851—1928	查尔斯·哈里森·汤森　（英国建筑师）
Clovis Sagot，1854—1913	克洛维斯·萨哥　（巴黎经销商）
E	
Emil Filla，1882—1953	艾弥儿·斐拉　（捷克画家）
Emile Galle，1846—1906	艾米尔·盖勒　（法国设计师）
Ernest Louis，1868—1937	欧内斯特·路易斯　（德国黑森州公爵）
Ernst Fuchs，1930—2015	恩斯特·富克斯　（奥地利画家）
F	
Ferdinand Andri，1871—1956	费迪南德·安德里　（奥地利画家）
François Burkhardt，1936—	弗朗索瓦·布克哈特　（法国建筑师）
František Bílek，1872—1941	弗朗齐歇克·比莱克　（捷克雕塑家）
František Kysela	弗朗齐歇克·基塞拉　（画家）
František Štorch	弗朗齐歇克·施托希　（建筑承包商和房地产开发商）
Frantisek Xaver Harlas，1865—1947	弗朗齐歇克·西弗·哈拉斯　（捷克艺术评论家）
Frantisek Xaver Salda，1867—1937	弗朗齐歇克·萨尔达　（捷克文学和艺术评论家）
Franz Metzner，1870—1919	弗朗茨·梅茨纳　（德国雕塑家）
Friedrich Achleitner，1930—	弗雷德里克·阿赫莱特纳　（奥地利建筑评论家）
Friedrich Engels，1820—1895	弗里德里希·恩格斯　（德国哲学家）
Friedrich Ohmann，1858—1927	费里德里希·奥曼　（奥地利建筑师）
G	
Georges Braque，1882—1963	乔治·布拉克　（法国画家）

H

Hans Poelzig，1869—1936　汉斯·普尔希　（德国建筑师）

Henri de Toulouse-Lautrec，1864—1901　亨利·德·图卢兹-洛特雷克　（捷克艺术家）

Henry Kahnweiler，1884—1979　亨利·卡恩维勒　（巴黎经销商）

I

Immanuel Kant，1724—1804　伊曼努尔·康德　（德国哲学家）

J

J. J. P. Oud，1890—1963　欧德　（荷兰建筑师）

Jacques-Louis David，1748—1825　雅克·路易·大卫　（法国画家）

Jan Petrák　扬·佩特拉克　（建筑承包商和房地产开发商）

Jan Laichter，1858—1946　扬·莱赫特　（捷克出版商）

Jan Preisler，1872—1918　扬·普雷斯勒　（捷克画家）

Jan Santini，1677—1723　扬·桑迪尼　（捷克建筑师）

Jan Štenc，1871—1947　扬·斯坦斯　（捷克艺术出版商）

Jan Štursa，1880—1925　扬·什图尔萨　（捷克雕塑家）

Jan Žižka，1360—1424　扬·杰式卡　（波希米亚民族英雄）

Jaromír Krejcar，1895—1950　亚罗米尔·克雷查尔　（捷克建筑师）

Jean Metzinger，1883—1956　吉恩·梅辛革　（法国画家）

Jean-Jacques Rousseau，1712—1778　让·雅克·卢梭　（法国思想家）

John Ruskin，1819—1900　约翰·拉斯金　（英国批评家、理论家）

Josef Pekarek，1873—1930　约瑟夫·佩卡里克　（捷克雕塑家）

Josef Svatopluk Machar，1864—1942　约瑟夫·斯瓦多普卢克·马哈尔　（捷克诗人）

K

Karel B. Madl，1859—1932　卡雷尔·马德尔　（捷克艺术评论家）

Karel Hannauer Snr　雷尔·汉诺尔·斯纳尔　（建筑承包商和房地产开发商）

Karel Novak，1871—1955　卡雷尔·诺瓦克　（捷克雕塑家）

Karl Heinrich Brunner，1887—1960　卡尔·海恩里希·布鲁纳　（奥地利城市规划师）

Karl Langer，1903—1969　卡尔·兰格　（奥地利解剖学家）

Kenneth Frampton，1930—　肯尼斯·弗兰姆普敦　（美国建筑评论家）

L

Leo Nachtlicht，1872—1942　莱奥·纳赫里希　（柏林建筑师）

Leopold Figl，1902—1965　利奥波德·斐格尔　（奥地利第二共和国总理）

Ludvík Kysela，1883—1960　达涅克·基塞拉　（捷克建筑师）

M

Manfredo Tafuri，1935—1994　曼弗雷多·塔夫里　（意大利威斯学派建筑师、理论学家、历史学家、教育家）

Mojmír Urbánek，1873—1919　莫伊米尔·乌尔巴内克　（捷克音乐出版商）

N

Nikolaus Pevsner，1902—1983　尼古拉·佩夫斯纳　（艺术与建筑史学者）

O

Old ǐ ich Starý，1884—1971　欧德里赫·斯塔里　（捷克建筑师）

Oscar Strnad，1879—1935　奥斯卡·斯特尔纳德　（奥地利建筑师）

Otto Gutfreund，1889—1927　奥托·古特弗洛因德　（捷克雕塑家）

Otto Niedermoser，1903—1977　奥托·尼德莫瑟　（奥地利建筑师）

P

Pablo Picasso，1881—1973　毕加索　（法国画家）

Paul Frankl，1879—1962　保罗·弗兰克尔　（德国历史学家）

Paul Scheerbart，1863—1915　保罗·舍勒巴特　（德国作家）

Petr Wittlich，1932— 彼得·维特利奇 （捷克艺术史学家）
Pierre Jeanneret，1896—1967 让纳雷 （瑞士建筑师）

R

Raffaello Santi，1483—1520 拉斐尔·桑西 （意大利画家）
Richard Bauer，1897—? 理查德·鲍尔 （奥地利建筑师）
Rostislav Švácha，1952— 罗斯季斯拉夫·斯瓦哈 （建筑历史学家）

S

Samuel Bing，1838—1905 萨穆尔·宾 （法国商人）
Stanislav Sucharda，1866—1916 斯坦尼斯拉夫·萨奇达 （捷克雕塑家）

T

Theodor Lipps，1851—1914 特奥多尔·李普斯 （德国哲学家）
Thomas Jefferson，1743—1826 托马斯·杰斐逊 （美国总统）
Tomas Garrigue Masaryk，1850—1937 托马斯·马萨里克 捷克哲学家和社会学家）

V

Václav Hortlík 瓦茨拉夫·霍特里克 （建筑承包商和房地产开发商）
Václav Zákostelna 瓦茨拉夫·扎克斯托那 （建筑承包商和房地产开发商）
Victor Wallerstein，1878—1944 维克多·沃勒斯坦 （德国评论家）
Vincenc Kramar，1877—1960 文森斯·克拉马尔 （艺术史学家）

W

Walter Loos，1905—1975 沃尔特·路斯 （奥地利建筑师）
Walter Wurzbach，1885—1971 沃尔特·武尔茨巴赫 （德国建筑师）
Wilhelm Worringer，1881—1965 威廉·沃林格 （德国艺术理论家）
William Morris，1834—1896 威廉·莫里斯 （英国设计师）

·主要建筑表·

（按英文首字母排序）

外文名	中文译名
A	
Adria Palace，1922—1925	亚德里亚宫
Arc de Triomphe du Carrousel，1808	骑兵凯旋门
B	
Bank of the Czechoslovak Legions，1921—1923	捷克斯洛伐克军团银行
Bezigrad Stadium，1925—1927	贝奇格拉德体育场
Block of Coopratіve Housing in Prague-Old Town，1919—1921	教师公寓大楼
British Museum，1823	大英博物馆
Bundeskunsthalle，1985—1992	德国艺术展览馆
C	
Casa Milà	米拉住宅
Casa Batllo	巴特罗住宅
Ceotaphe de Newton，1784	牛顿纪念堂
Church of the Holy Spirit，1909—1913	圣灵教堂
Church of the Virgin Mary	圣玛丽亚教堂
D	
Deanery Garden，1901	迪纳里园住宅
Diamant Department Store Building，1912—1913	钻石大厦
E	
Ernst Ludwig House，1900	恩斯特·路德维希大厦
F	
Faculty of Law of Charles University	查理大学法学院
Funkhaus Wien，1979—1983	维也纳广播大楼（改造）
G	
Gasometer，1999—2001	维也纳储气罐
George-Washington-Hof，1927—1930	乔治—华盛顿大院
Glass Pavilion，1914	玻璃馆
Grosse Schauspielhaus，1918—1919	大剧院
H	
Haas House，1985—1990	维也纳哈斯大楼
Hlahol Choir Building，1903—1906	霍拉霍合唱协会大楼
Hlava Institute of Pathology，1913—1920	赫拉瓦病理学研究所
Hlávka Bridge	赫拉夫卡大桥
Hochzeitsturm，1908	多层婚礼塔
Hotel Evropa，1903—1905	欧洲大饭店
Hotel Solvay	索尔维酒店
Hotel Tassel，1893—1894	塔塞酒店
House of the Black Madonna，1911—1912	黑色马多拉大厦
Houses of Parliament，1847	英国议会大厦
I	
Iron Building，1932—1934	熨斗大厦

•地名对照表•

（按英文首字母排序）

外文名	中文译名
B	
Baarova Street	巴洛娃街
Břehová Street	布雷霍瓦街
Brno	捷克共和国布尔诺
Bubeneč	布拉格布比奈克地区
C	
Celetná	彻雷特拉
Chopinova Street	肖班诺瓦街
Cojzova	科捷佐瓦街
Cojzova Street	科伊佐娃街
D	
Dáblická Street	达布利茨卡街
Darmstadt	德国达姆施塔特
E	
Elišky Krásnohorské Street	埃利斯克克拉斯诺霍勒斯卡大街
Emona	埃莫纳
F	
Favoriten	法沃利特
Františkovy Lázně	弗朗齐歇克矿泉村
G	
Gradascica River	格拉达西卡河
H	
Hessian	德国黑森州
Hietzing	维也纳十三区席津
Hradec Králové	赫拉德茨－克拉洛韦
J	
Jaroměř	亚罗梅日，捷克城镇
Jagdschlossgasse	杨舒洛斯
Jičín	伊钦
Jičího z Poděbrad Square	波杰布拉德的伊日广场
Josefov	约瑟夫城
Jungmannova Street	约曼诺娃街
Jungmann Square	容曼广场
K	
Karmelitská	卡尔马里茨卡街
Kinsky Gardens	金斯基花园
Kutná Hora	库特纳霍拉
L	
Laibach	莱巴赫
Lainz	莱恩斯
Libušina	利波西那街
Ludvik Svoboda Embankment	卢德维克·斯沃博达堤岸

M

Mausoleum of Galla Placidia，Ravenna，Italy	加拉·普拉奇迪亚陵墓，意大利拉文纳
Mestnitrig	卢布尔雅那城市广场
Mickiewiczova Street	米奇维楚瓦街
Milady Horákové Street	米拉迪霍拉科维街
Mönchengladbach	德国门兴格拉德巴赫
Moravian	摩拉维亚，现为捷克共和国的一部分

N

Na Poříčí Street	拿波里奇街
Na pčíkopě	纳普日科佩街
Národní Street	民族大街
Naschmarkt	纳绪市场
Neklanova	内科拉诺娃街

O

Olivova Street	奥利瓦街
Opava	奥帕瓦，如今位于捷克共和国境内
Ovocný	欧沃茨尼

P

Palacky Square	帕拉茨基广场
Pelhřimov	佩尔赫日默夫
Přelouč	捷克普热洛乌奇
Prešeren Square	卢布尔雅那普列舍仁广场

R

Rašín Embankment	拉辛河堤

S

Salvátorská Street	萨尔瓦多罗斯卡街
Široká Street	西罗卡街
Šiška Town	西施卡镇
Spálená	斯巴蕾娜街
Staré Město	斯塔雷梅斯托
Štépánská	斯泰潘斯卡
Stritarjeva	斯特拉塔吉瓦街
Studničkova Street	斯图德尼奇科瓦街
Suchardova Street	苏卡尔多瓦街

T

Tivoli Park	蒂沃利公园
Tychonova Street	提霍诺娃街

U

U Laboratore Street	乌拉伯拉托尔街
U Prašné brány	乌布拉什纳布拉尼街
U Starého Hřbitova	乌斯达里奥赫比托娃街

V

Vegova Street	威格瓦街
Veitingergasse	维亭格路
Vinohrady	维诺赫拉迪
Vodičkova	伏迪奇科娃

W

Wildpretmarkt	维也纳怀尔德普利特马赫特街道

· 专有名词对照表 ·

（按英文首字母排序）

外文名	中文译名
A	
Academy of Fine Arts Vienna	维也纳美术学院
Agora	阿哥拉：古希腊以及古罗马城市中经济、社交、文化的中心，通常地处城市中心，为露天广场
Allegory	托寓
American Institute of Architects	美国建筑师协会
Arbeiterzeitung	工人报
Architektonický obzor	《建筑的地平线》
Art Nouveau	新艺术运动
Artěl	合作社
Arts and Crafts Movement	工艺美术运动
Austrian Werkbund	奥地利制造联盟
B	
Barbizon School	法国巴比松画派
Baroque	巴洛克风格
Bauhaus	包豪斯
Bekleidung	饰面理论
British Art of Landscape	英国风景画派
Bund Deutscher Architekten	德国建筑师联合会
C	
Clothing	穿衣
Coop Himmelblau	奥地利建筑事务所蓝天组
D	
Das Interieur	《室内》杂志
D ílo	《工作》
Delnicke Kolonie	《工人居住区》
Der Sturm	《狂风》
Deutsche Akademie für Städtebau Reichs-und Landesplanung	德国城乡规划学院
Deutscher Werkbund	德意志制造联盟
Die Aktion	《行动》
Die Sachlichkeit	《客观性》
Dresden University of Technology	德国德累斯顿理工大学
Dressing	面饰
E	
Eclecticism	折中主义
Enlightenment	启蒙运动
European Recovery Program	欧洲复兴计划
F	
Functional Rationalism	功能理性主义
G	
Gesamtkunstwerk	整体设计概念
Public Utility Settlement and Building Material Corporation	公共设施和建筑材料公司

Gothic Revival 哥特复兴

H

Höhere Staatsgewerbeschule 国立高级商业和技术学校

Hranol a Pyramida 《棱柱和棱锥》

I

Illinois Institute of Technology 美国伊利诺伊理工大学

J

Jugendstil 德国青年风格派

K

K funkci architektonickéhočlánku 《论建筑要素的功能》

K podstatě architektury 《论建筑本质》

Klub za starou Prabu 支持老布拉格俱乐部

L

La Maison Art Nouveau 新艺术之家

Liberalism 自由主义

M

Mánes Union of Fine Arts 马内斯美术协会

Manifest České Moderny 《捷克现代派宣言》

Masjid 清真寺

Massachusetts Institute of Technology in Cambridge 美国麻省理工学院

Modern Architecture 《现代建筑》

Moderní Revue 《现代评论》

N

Neo-Classicism 新古典主义

Neuer Werkbund 新制造联盟

O

O nábytku a jiném 《论家具和其他物质》

Obnova průčelí 《立面更新》

On New Art 《新艺术论》

P

Prairie House 草原式住宅

Prašské Umelecké Dilny 布拉格艺术工作坊

Pre-Raphaelite Brotherhood 拉斐尔前派组织

Purism 纯粹主义

R

Red Vienna 红色维也纳

Reynolds Memorial Award 美国诺瑞兹纪念奖

Rococo 洛可可

Romanticism 浪漫主义

Royal School of Architecture 柏林皇家建筑学院

S

SADAR+VUGA 斯洛文尼亚建筑事务所
萨达·武加事务所

Siebener Club 七俱乐部

Skupina Vytvarných Umělcu 视觉艺术家小组

Spring，1900 三联画《春》

St. Louis Post-Dispatch 圣路易斯邮报

St. Louis Post-Dispatch 美国圣路易斯邮报

St. Louis World's Fair 圣路易斯世界博览会
Staatliches Bauhaus，1919—1933 包豪斯学校
Staatsreisestipendium 城市旅行奖学金
Stavba 《建造》
Structural Rationalism 结构理性主义
Styl 《风格》

T

The Arts and Crafts Society 工艺美术协会
The Byzantine Empire 拜占庭帝国
The Glasgow School of Art 格拉斯哥艺术学院
The International Congresses of Modern Architecture 国际现代建筑协会
The Studio 《作坊》
Tiffany Glass 蒂芙尼玻璃

U

Umělecký městčnik 《艺术月刊》
University of Applied Arts Vienna 维也纳应用美术学院
University of California，Berkeley 美国加州大学伯克利分校
University of Hanover 德国汉诺威工业大学

V

Ver Sacrum 《神圣之春》分离派杂志
Vienna International Werkbund Exhibition 维也纳国际制造联盟展览
Vienna School 维也纳学派
Vienna Secession 维也纳分离派
Vienna University of Technology 维也纳技术大学
Viennese Polytechnic Institute 维也纳理工学院
Volné směry 《自由的方向》杂志

W

Wiener Werkstatte 维也纳制造联盟

Y

Young Czech Party 青年捷克党

Z

Život II 《生活》

图书在版编目（CIP）数据

艺术与自由的时代：维也纳分离派与中欧现代主义建筑思潮 = The Age for art and freedom—Modernist architecture in Sino-Europe during the Time of Vienna Secession / 陈翚等著．—北京：中国建筑工业出版社，2021.12
ISBN 978-7-112-26748-4

Ⅰ.①艺…　Ⅱ.①陈…　Ⅲ.①建筑学－研究－中欧　Ⅳ.①TU-0

中国版本图书馆 CIP 数据核字（2021）第 211278 号

责任编辑：焦　阳
书籍设计：韩蒙恩
责任校对：赵　菲

艺术与自由的时代——维也纳分离派与中欧现代主义建筑思潮
THE AGE FOR ART AND FREEDOM
——MODERNIST ARCHITECTURE IN SINO-EUROPE DURING THE TIME OF VIENNA SECESSION
陈　翚　等著
*
中国建筑工业出版社出版、发行（北京海淀三里河路 9 号）
各地新华书店、建筑书店经销
逸品书装设计制版
北京中科印刷有限公司印刷
*
开本：787 毫米 ×960 毫米　1/16　印张：16¾　字数：251 千字
2022 年 9 月第一版　2022 年 9 月第一次印刷
定价：**68.00** 元
ISBN 978-7-112-26748-4
（37840）